卓越农林人才培养实验实训实习教材

水产微生物学实验

主　编

李艳红　吴正理

副主编

张建新　余小波　高志鹏　唐　婧

编写人员（按姓氏拼音排序）

常绪路　（河南师范大学）
陈德芳　（四川农业大学）
董艳珍　（西昌学院）
高志鹏　（湖南农业大学）
李艳红　（西南大学）
罗　洁　（重庆文理学院）
唐　婧　（贵州师范大学）
吴正理　（西南大学）
余小波　（西南大学）
张建新　（河南师范大学）
张艳敏　（河南师范大学）

西南大学出版社
SWUP 国家一级出版社 全国百佳图书出版单位

图书在版编目（CIP）数据

水产微生物学实验 / 李艳红，吴正理主编. -- 重庆：西南大学出版社，2022.3(2024.8重印)

ISBN 978-7-5697-1279-7

Ⅰ.①水… Ⅱ.①李… ②吴… Ⅲ.①水产养殖—微生物学—实验—高等学校—教材 Ⅳ.①S917.1

中国版本图书馆CIP数据核字(2022)第030274号

水产微生物学实验

SHUICHAN WEISHENGWUXUE SHIYAN

主　编:李艳红　吴正理

责任编辑:赵　洁

责任校对:杨光明

装帧设计:观止堂_朱璇

排　　版:贝　岚

出版发行:西南大学出版社(原西南师范大学出版社)

印　　刷:重庆正文印务有限公司

幅面尺寸:195 mm×255 mm

印　　张:12

字　　数:289千字

版　　次:2022年3月 第1版

印　　次:2024年8月 第2次印刷

书　　号:ISBN 978-7-5697-1279-7

定　　价:38.00元

卓越农林人才培养实验实训实习教材

总编委会

2014年9月，教育部、农业部（现农业农村部）、国家林业局（现国家林业和草原局）批准西南大学动物科学专业、动物医学专业、动物药学专业本科人才培养为国家第一批卓越农林人才教育培养计划专业。学校与其他卓越农林人才培养高校广泛开展合作，积极探索卓越农林人才培养的模式、实训实践等教育教学改革，加强国家卓越农林人才培养校内实践基地建设，不断探索校企、校地协调育人机制的建立，开展全国专业实践技能大赛等，在卓越农业人才培养方面取得了巨大的成绩。西南大学水产养殖学专业、水族科学与技术专业同步与国家卓越农林人才教育培养计划专业开展了人才培养模式改革等教育教学探索与实践。2018年10月，教育部、农业农村部、国家林业和草原局发布的《关于加强农科教结合实施卓越农林人才教育培养计划2.0的意见》（简称《意见2.0》）明确提出，经过5年的努力，全面建立多层次、多类型、多样化的中国特色高等农林教育人才培养体系，提出了农林人才培养要开发优质课程资源，注重体现学科交叉融合、体现现代生物科技课程建设新要求，及时用农林业发展的新理论、新知识、新技术更新教学内容。

为适应新时代卓越农林人才教育培养的教学需求，促进“新农科”建设和“双万计划”顺利推进，进一步强化本科理论知识与实践技能培养，西南大学联合相关高校，在总结卓越农林人才培养改革与实践的经验基础之上，结合教育部《普通高等学校本科专业类教学质量国家标准》以及教育部、财政部、国家发展改革委《关于高等学校加快“双一流”建设的指导意见》等文件精神，决定推出一套“卓越农林人才培养实验实训实习教材”。本套教材包含动物科学、动物医学、动物药学、中兽医学、水产养殖学、水族科学与技术等本科专业的学科基础课程、专业发展课程和实践等教学环节的实验实训实习内容，适合作为动物科学、动物医学和水产养殖学及相关专业的教学用书，也可作为教学辅助材料。

本套教材面向全国各类高校的畜牧、兽医、水产及相关专业的实践教学环节，具有较广泛的适用性。归纳起来，这套教材有以下特点：

1. 准确定位，面向卓越 本套教材的深度与广度力求符合动物科学、动物医学和水产养殖学及相关专业国家人才培养标准的要求和卓越农林人才培养的需要，紧扣教学活动与知识结构，对人才培养体系、课程体系进行充分调研与论证，及时用现代农林业发展的新理论、新知识、新技术更新教学内容以培养卓越农林人才。

2. 夯实基础，切合实际 本套教材遵循卓越农林人才培养的理念和要求，注重夯实基础理论、基本知识、基本思维、基本技能；科学规划、优化学科品类，力求考虑学科的差异与融合，注重各学科间的有机衔接，切合教学实际。

3. 创新形式，案例引导 本套教材引入案例教学，以提高学生的学习兴趣和教学效果；与创新创业、行业生产实际紧密结合，增强学生运用所学知识与技能的能力，适应农业创新发展的特点。

4. 注重实践，衔接实训 本套教材注意厘清教学各环节，循序渐进，注重指导学生开展现场实训。

“授人以鱼，不如授人以渔。”本套教材尽可能地介绍各个实验（实训、实习）的目的要求、原理和背景、操作关键点、结果误差来源、生产实践应用范围等，通过对知识的迁移延伸、操作方法比较、案例分析等，培养学生的创新意识与探索精神。本套教材是目前国内出版的第一套落实《意见2.0》的实验实训实习教材，以期能对我国农林的人才培养和行业发展起到一定的借鉴引领作用。

以上是我们编写这套教材的初衷和理念，把它们写在这里，主要是为了自勉，并不表明这些我们已经全部做好了、做到位了。我们更希望使用这套教材的师生和其他读者多提宝贵意见，使教材得以不断完善。

本套教材的出版，也凝聚了西南大学和西南师范大学出版社相关领导的大量心血和支持，在此向他们表示衷心的感谢！

总编委会

2019年6月

前言

PREFACE

《水产微生物学实验》是西南大学“十三五”规划教材，是水产微生物学实验教学的配套教材。

水产微生物学实验是水产微生物学教学的重要组成部分，但至今尚无用于实验教学的合适教材，各高校的实验大多是由教师自编教材用于教学，或选用不完全适用的其他微生物学实验指导书，既不方便也不实用。为了解决实验教学中长期缺乏配套实验教材的问题，并为培养研究型创新人才服务，编者在现有微生物学实验相关书籍的基础上，根据多年的水产微生物日常本科实验教学、研究实践以及前人的经验，参考国内外相关资料，针对“新农科”背景下水产学科发展的需求，对实验内容进行重新整合、精选，完成了本书的编写。本书主要分为基础实验和综合与水产应用微生物实验两个部分，共包括30个实验。每个实验对实验原理进行了详细阐述；每个实验结合前人的经验总结了注意事项；每个实验后设置了一些思考题，可对实验进行复习并加深理解；书末附有本书所涉及的微生物常用培养基配方、染色液、常用消毒剂和相关微生物网站等。

本书是由多所院校的一线教师共同编写的，所选内容均为自己所熟悉的教学或科研领域。本书在编写过程中参考了大量的著作和文献资料，在此向有关作者及编者表示真诚的感谢。由于编者理论和实践水平有限，书中不妥之处在所难免，恳请读者和同行专家批评指正。

编者

2022年1月

目录

CONTENTS

微生物实验室安全与规则

水产微生物学实验是一门在微生物学理论课的基础上开设的、操作技能较强的专业实验课程，是微生物学教学的重要组成部分。作为一门实验课程，其教学的目的在于使学生牢固建立无菌概念，掌握微生物学实验的基本操作技能；巩固微生物学知识，加深对基本理论的理解，并将理论知识转化为实践能力；提高学生观察、分析和解决问题的能力，以及独立思考、创新能力；树立实事求是、严肃认真的科学态度以及勤俭节约、爱护公物、团结协作的优良作风。

为了提高教学效果，保证实验的质量和实验室的安全，特制定以下规则和措施。

1.每次实验前必须充分预习实验内容，明确实验目的、原理和方法，熟悉实验操作中的主要步骤和环节，熟知整个实验的安排。

2.在实验室内，应穿实验服，固定座位；不能高声谈话和随意走动；不准携带食物和饮料进入实验室，保持实验室整洁；禁止在实验室吸烟；个人的衣服、背包和非必需品应放在指定的位置，实验室工作区域不要放置实验中不使用的物品。

3.严格无菌操作。注意以下几点：在进行微生物实验操作时，要关闭门窗，防止空气对流；接种时不要走动和讲话，以避免由空气尘埃和唾液引起的污染；用过的带菌器具如涂布棒、移液管或滴管等要立即在消毒液（如3%来苏尔溶液）中浸泡20 min，然后进行清洗；含培养物的器皿如培养皿、三角瓶或试管等应先煮沸10 min或高压蒸汽灭菌处理后再进行清洗。

4.操作细致，爱护仪器，贵重仪器使用结束后应做好登记；节约耗材和药品，用毕按原样放置妥当；严禁将药匙交叉使用；实验室中的菌种和物品等，未经教师许可不得带出实验室。

5. 凡需进行培养的材料，都应注明菌名、接种日期及接种人姓名（或组别），放在指定的培养箱中培养，及时观察并如实记录实验结果，必要时以照片形式保存，按时提交实验报告。实验报告力求简明、准确、实事求是，分析合理、透彻，字迹工整。

6. 识别并能正确归类不同类的垃圾。用过的染色液、有机试剂等必须倒进指定容器内；未染菌的棉球、纸片等直接放入垃圾桶中，不可扔进水池内。

7. 实验结束后，及时整理和擦净实验台，离开实验室前要用肥皂或洗手液洗净双手。值日生负责打扫实验室，关好门窗、水、电。

8. 冷静处理意外事故。皮肤污染时，对于非致病菌用70%乙醇棉球擦拭后，再用肥皂水洗净，对于致病菌则应先浸泡于2%来苏尔溶液（或0.1%新洁尔灭溶液）中，10~20 min后再洗净；工作服（帽）如沾有可传染的材料，应立即脱下浸于5%石炭酸等消毒液中过夜或高压蒸汽消毒后再清洗。皮肤烫伤时，可用5%鞣酸、2%苦味酸或2%甲基紫溶液涂抹伤口。含菌器皿破碎时，可用5%石炭酸溶液（或0.1%新洁尔灭溶液）覆盖污染菌液的位置，30 min后擦净；易燃品着火时，先切断火源或电源，再用湿布或沙土掩盖灭火，必要时用灭火器。

第一部分 基础实验

实验一

微生物学实验室常用仪器设备的使用和实验用品的准备

微生物学工作需要特定的实验场所，同时需要运用各种仪器设备和实验用品。其中，微生物实验室常用的仪器设备有超净工作台、培养箱、高压蒸汽灭菌锅、摇床、干燥箱、离心机、冰箱等。本实验主要学习培养箱、超净工作台、离心机和冰箱的使用操作，以及常用器皿的洗涤与包扎。

一、实验目的

1. 了解微生物学实验室常用仪器原理和维护要点。

2. 掌握常用仪器的使用操作。

3. 掌握清洗玻璃器皿和包扎的方法。

二、实验原理

1. 常用仪器与设备的使用

(1)培养箱。

微生物实验室若无专门的培养室,可用培养箱培养微生物。培养箱是培养微生物的专用设备。目前市场上有两种培养箱:一种是电热恒温培养箱,不能制冷;一种是生化培养箱,可制冷,工作室的温度可在5~50 ℃范围内任意选定,选定后经温控仪自动控制,保持工作室内恒温,目前应用较广。两种培养箱操作步骤基本相似,具体如下。

①使用方法。

a.对箱体内进行清洁和消毒。

b.将试验物品放入培养箱内,关上箱门,并将箱顶上方风顶活门适当旋开。

c.接通电源,开启电源开关。

d.温度设定:操作控温仪板面上的设定键,设定所需温度,加热指示灯亮,培养箱进入升温状态。

②维修保养及注意事项。

a.在通电使用时,切忌用手接触左侧空间内的电器部分或用湿布揩抹及用水冲洗。

b.电源线不可缠绕在金属物上或放置在潮湿的地方。必须防止橡皮老化以及漏电。

c.箱内的物品不宜过多,以免空气流通不畅导致箱内温度不均匀。

d.箱内外应保持清洁,每次使用完毕应当进行清洁。

e.若长时间停用,应切断电源。

f.非必要时,不得打开温度控制仪以防损坏。

(2)超净工作台。

超净工作台是微生物实验室常用的无菌操作设备,它由工作台、过滤器、风机、静压箱和支撑体等组成。采用过滤空气使工作台操作区域达到净化除菌的目的。目前,商品化的超净工作台有不同型号与规格,微生物学实验根据需要可选择垂直送风的单人双面、双人单面和双人双面超净工作台。

①使用方法。

a.使用前先开启紫外灯杀菌30 min,处理操作区内空气中和表面积累的微生物。

b.工作时,关闭紫外灯,开启日光灯,启动风机。

c.工作完毕,关闭风机。

②维修保养及注意事项。

a.新安装的或长期不使用的超净工作台,使用前必须对工作台和周围环境进行清洁,用药物灭菌或用紫外线进行灭菌处理。

b.操作区内不要放置不必要的物品,以减少对工作区清洁气流流动的干扰。

c. 根据环境的洁净程度，可定期（一般为2~3个月）将粗滤布拆下清洗或更换。

d. 定期（一般为1周）对周围环境进行灭菌处理，同时经常用纱布蘸酒精或丙酮等有机溶剂将紫外线杀菌灯表面擦干净，保持其表面清洁。

(3) 离心机。

离心机是根据物体转动产生离心力这一原理制成的，是微生物学实验离心分离技术必备的仪器。超速离心机原理与普通离心机相同，只是转速较高，可达到50 000 r/min以上，常用于病毒的提纯、浓缩以及测定病毒颗粒沉降系数和浮密度等。

①使用方法。

a. 平衡：离心的样品需连同离心管一起准确称量平衡，如只离心1个样品（或不成对的样品），必须将另一个空离心管（补加水）与有样品的离心管同时准确称量平衡。超速离心机离心时，离心液面距离离心管口应留至少2 cm的距离，以免离心时离心液体溅出。

b. 打开门盖，将平衡好的离心管对称放入离心机的转子离心管孔内。

c. 检查离心机是否安放平稳。

d. 盖好离心机盖并锁好。

e. 接通电源，打开电源开关，设置转速、时间等运行参数，按下启动键离心。

f. 离心结束后，打开机盖取出离心管，关闭电源。

g. 清洁离心机转子离心管孔、离心腔，关闭机盖。

②使用注意事项。

a. 离心机必须放在平稳牢固的平面上，必须保持水平。

b. 不能用手助停以免沉淀物泛起、损坏离心转轴、碰伤人的肢体等。

c. 使用过程中，如果离心机出现振动、发出杂音等，应立即停止工作，进行检查。

(4) 冰箱。

微生物实验室中的冰箱主要用于菌种、抗原和抗体等生物制品、培养基以及检验材料等物品的贮藏。冰箱是根据液体挥发成气体时需要吸热而将其周围的温度降低这一原理设计而成的。可用的冷却剂有氨、二氧化碳和氟利昂等，这些物质液态时都容易气化，气化时吸收大量的热量，稍加压力又易被液化。

2. 常用实验用品的准备

为保证微生物实验顺利进行，所有实验器皿均需要清洗干净、灭菌并保持无菌状态，同时需要对培养皿、试管、三角锥瓶等进行包扎。清洗的目的在于除去器皿（特别是玻璃器皿）上的污垢（如灰尘、油污、无机盐等）。清洗时，根据实验目的、器皿种类、所盛物品、污染程度等特点应采用合适的洗涤剂和正确的洗涤方法，否则会影响实验结果的准确性。

(1) 新玻璃器皿的清洗。

新购置的玻璃器皿（包括试管、吸管、平皿、三角锥瓶、载玻片、盖玻片等）含游离碱较多，应先在2%盐酸溶液或洗涤液内浸泡数小时，以中和其碱质；然后再用自来水冲洗干净，洗净后的玻璃器皿要晾干。一般情况下，试管倒置于试管筐内，三角锥形瓶倒置于洗涤架上，培养皿的皿底和皿盖分开依次压着皿边排列倒扣。或者直接在55 ℃干燥箱内烘干备用。

(2)使用过的玻璃器皿的清洗。

①一般玻璃器皿：试管、培养皿、三角瓶、烧杯等一般玻璃器皿可先用试管刷、瓶刷或海绵蘸上肥皂、洗衣粉或去污粉等洗涤剂洗去灰尘或污垢，再用自来水冲洗干净，最后用蒸馏水冲洗3次。洗刷干净的玻璃器皿烘干备用。

带菌的玻璃器皿应先经121 ℃高压蒸汽灭菌20~30 min后取出，趁热倒出容器内的培养物，再用洗洁精洗刷干净，最后用水冲洗。

②含有琼脂培养基的玻璃器皿：对于含有琼脂培养基的玻璃器皿，应先用玻璃棒等刮去培养基，然后洗涤。如果琼脂培养基已经干燥，可将器皿放在水中蒸煮，使琼脂熔化后趁热倒出，然后用清水洗刷至无污物，并用合适的刷子刷洗其内壁，最后用自来水冲洗干净。或浸泡在0.5%清洗剂中超声清洗，然后用自来水彻底洗净后，再用蒸馏水洗2次。

洗涤后的玻璃器皿若水在内壁上均匀分布成一薄层而无水珠，表示油垢完全洗净，若器皿内外挂有水珠，需用洗涤液浸泡数小时后，重新清洗。如果器皿沾有蜡或油漆等物质，可用加热的方法使之熔化后揩去，或用有机溶剂(二甲苯、丙酮等)擦拭。

③玻璃吸管：吸过血液、血清或染料溶液等的玻璃吸管应及时浸泡在水中，进行清洗。清洗后的吸管，使吸管顶尖向上晾干，或置于烘箱内烘干。吸过含有微生物的吸管应立即浸泡于2%来苏尔溶液或0.25%新洁尔灭消毒液中，24 h后取出冲洗。

④载玻片和盖玻片：载玻片或盖玻片上如滴有香柏油，要先用纸擦去或浸在二甲苯内摇晃几次以溶解油垢，然后浸没于1%洗衣粉溶液中煮沸20~30 min，待冷却后逐个用自来水洗净，浸泡于95%乙醇中备用。检查过活菌的载玻片或盖玻片可先浸泡于5%石炭酸、2%来苏尔溶液或0.25%新洁尔灭消毒液中处理24~48 h，然后按上述方法洗涤与保存。使用时在火焰上烧去酒精。

⑤血细胞计数板：血细胞计数板使用后立即用水冲洗，必要时可用95%酒精浸泡，或用酒精棉球轻轻擦拭。切勿用硬物洗刷或抹擦，以免损坏网格刻度。清洗完后镜检血细胞计数板的计数区是否残留菌体或其他沉淀物。洗净后自然晾干或用电吹风吹干后放入盒内保存。

(3)硅胶塞的清洗。

因新购置的硅胶塞带有大量的滑石粉，故应先用自来水冲洗干净，再用2% NaOH溶液煮沸10~20 min(除去硅胶塞上的蛋白质)，之后用自来水冲洗，再用5%盐酸溶液浸泡30 min，最后用自来水冲洗干净。自然晾干或烘干备用。

(4)玻璃器皿的包扎。

包扎是为了防止器皿消毒灭菌后再次受到污染。常规的包扎主要是防止瓶口的污染，包括玻璃培养皿的包扎、玻璃移液管的包扎、试管的包扎、三角锥瓶瓶口的包扎等。

三、实验用品

1. 常用玻璃器皿：培养皿、三角锥瓶、移液管、烧杯、试管、载玻片和盖玻片、滴瓶等。

2. 仪器：高压蒸汽灭菌锅、干燥箱。

3. 其他用品：硅胶塞、牛皮纸或报纸、纱布、棉花、棉线、洗涤工具、去污粉、肥皂、洗涤液等。

四、实验步骤

1. 培养微生物的玻璃平皿的清洗与干燥

（1）高压蒸汽灭菌：将培养过微生物的玻璃平皿置于高压蒸汽灭菌器中，121 ℃灭菌20~30 min。

（2）洗涤：灭菌结束后，趁热倒去培养物，然后浸泡于水中，用毛刷或海绵刷擦上肥皂，刷去油污和污垢，最后用清水冲洗干净。若经清水冲洗后仍有油迹，可再置于1%~5%碳酸氢钠溶液中或5%肥皂水中煮沸30 min，然后用毛刷刷洗，最后用清水冲洗干净。

（3）干燥：将洗净的玻璃平皿倒扣于干燥架或桌子上，自然干燥或置于55 ℃左右的干燥箱中烘干。

2. 玻璃器皿的包扎

（1）培养皿的包扎：培养皿常用牛皮纸或旧报纸包扎，一般6~10套为一组，包好后干热或湿热灭菌后备用；也可直接放入不锈钢或铁皮培养皿消毒筒内，加盖干热灭菌后备用。

（2）三角锥瓶和试管的包扎：三角锥瓶包扎前要先塞上大小合适的硅胶塞或棉塞，或者盖上8层纱布，外加2层报纸或牛皮纸，再用棉线扎好后灭菌；试管应先塞上大小合适的硅胶塞或棉塞（塞子长度的1/2~2/3塞入试管），或盖上合适的试管套，然后7~10支一捆用纸张包扎，再用棉线扎紧，以盖住试管口为度，然后高压灭菌。切勿从上包到底，以致看不到试管。

（3）玻璃移液管的包扎：无菌操作用的移液管经洗净干燥后，应先在移液管上端约0.5 cm处，塞入一段1.0~1.5 cm长的棉花，作为隔

用过的器皿必须立即洗刷，放置太久会增加洗刷难度。洗涤前应检查玻璃器皿是否有裂缝或缺口，若有应弃去。

不能使用对玻璃器皿有腐蚀作用的化学试剂，也不能使用比玻璃硬度大的制品擦拭玻璃器皿，以免造成损伤。

离及过滤杂菌之用。棉花的松紧程度以吸气时通气流畅而不下滑为准。然后将移液管尖端放在5 cm宽的长条纸(报纸或牛皮纸)的一端,约与纸条成30°角,折叠纸条包住尖端,左手握住移液管,右手将移液管压紧,在桌面上向前搓转,以螺旋式包扎。最后将末端剩余纸条折叠打结,包好后灭菌。也可用金属制成的专用圆筒,将塞好后的移液管成批放入,移液管上端向上,盖好圆筒盖,经灭菌后备用。

五、实验结果

1.记录洗涤和包扎器皿的种类与数量,并详细叙述使用过的玻璃器皿的洗涤过程。

2.总结此次实验的收获和注意事项。

六、思考题

1.新购置的玻璃器皿为什么要先在盐酸或洗涤液内浸泡后再洗涤?

2.如何确定玻璃器皿是否已经清洗干净?

实验二

普通光学显微镜的使用及微生物形态的观察

人类肉眼的分辨率一般只有0.2 mm,很难观察到细胞等微小物体以及其内部精细而复杂的结构,显微镜的发明对人类认识微观世界起到了重要的推进作用。借助普通光学显微镜,人眼的分辨率可达到0.2 μm,可观察到细菌、真菌和一些小型原生动物的形态。熟悉显微镜并掌握其使用技术对研究微生物是必不可少的。目前,显微镜可分为光学显微镜和非光学显微镜两大类。光学显微镜有普通光学显微镜、相差显微镜、暗视野显微镜、荧光显微镜、偏光显微镜、紫外光显微镜、微分干涉相差显微镜等不同类型;非光学显微镜主要是电子显微镜。本实验主要介绍普通光学显微镜的结构与使用。

一、实验目的

1. 熟悉普通光学显微镜的基本构造。
2. 掌握普通光学显微镜的使用方法。
3. 观察微生物的基本形态。

二、实验原理

普通光学显微镜的基本工作原理是利用目镜和物镜中的多组凸透镜逐级将物像放大,从而可以用肉眼观察到微小物体。

1. 普通光学显微镜的结构

普通光学显微镜由机械系统、光学系统和光源系统组成(图2-1)。

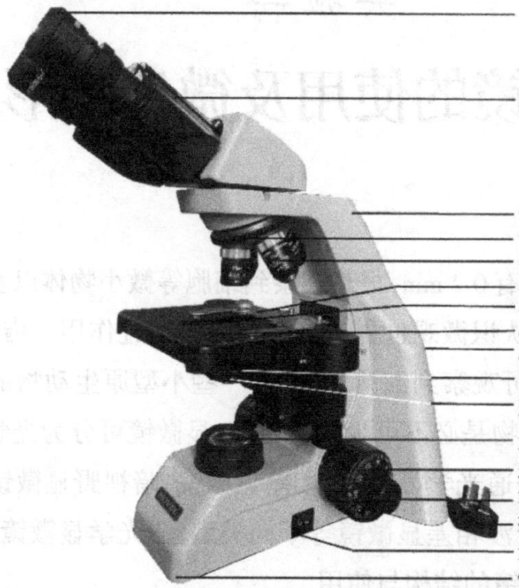

图2-1　光学显微镜的结构

(1)机械系统。

①镜座:普通光学显微镜的最底部部分,一般为马蹄形或长方形,主要起承重的作用。

②镜柱:上连镜臂,下接镜座,为直立的短柱。

③镜臂:镜柱上方的斜柄,镜头转换器的基座,连接着镜筒。

④镜筒:上连目镜,下通镜头转化器,光线可从镜筒中穿过;镜筒基部有瞳距调节器,可以调节上方两个目镜的距离。

⑤镜头转换器:呈圆盘状,可旋转,下方一般可以安装3~4个物镜。

⑥镜台:即载物台,为方形,用以放置玻片标本;中心有一个通光孔,称为镜台孔。在载物台上装有两个金属的标本夹,用以固定玻片标本。标本夹和标本推动器相连,标本固定后,能前后左右推动。有的标本推动器上还有刻度,称为镜台游标尺,用来确定标本的位置,便于找到变换的视野。

⑦焦距调节器:位于镜柱的左右两侧,每侧都有粗、细两个圆筒状的焦距调节器。粗焦距调节器位于外侧,旋转时载物台上升或下降幅度大,一般用于低倍镜下寻找目标物;而细焦距调节器位于内侧,旋转时载物台上升或下降幅度小,可用于高倍镜下精准对焦。

(2)光学系统。

①物镜:位于镜筒下端的镜头转换器上。其作用是将物体做第一次放大,是决定成像质量的重要部件。物镜上通常标有孔径、放大倍数、镜筒长度等参数。

②目镜:镜筒上方连接两个目镜,为圆筒状,一般一台普通光学显微镜配有几个目镜,分别标有5×、10×等放大倍数。

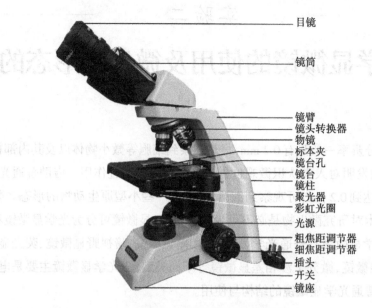

(3)光源系统。

①光源:光源位于镜座内部,正对镜台孔,其开关和亮度调节器一般位于镜座的右侧。

②彩虹光圈:彩虹光圈位于光源的垂直上方,转动彩虹光圈可以调节进入聚光器的光的强度。

③聚光器:聚光器位于彩虹光圈的上方,镜台下方,由2~3块凸透镜组成,其作用是聚集通过彩虹光圈的光线。可上下移动,在其边框上刻有数值孔径值。当用低倍物镜时聚光器应下降,当用油镜时聚光器应升到最高位置。

2. 油镜的基本原理

(1)增强视野的照明度。

油镜就是放大100倍的物镜。使用时油镜与其他物镜不同的是盖玻片和物镜之间隔的不是一层空气而是一层油质,称为油浸系。常用香柏油,因其折射率n为1.515,与玻璃折射率相近,也可用液体石蜡(n=1.52)。当光线通过载玻片后,可以直接通过香柏油进入物镜,几乎不发生折射,增加了视野的进光量,使物像更加清晰。若盖玻片与物镜间的介质为空气则称为干燥系,光线通过盖玻片后发生折射,进入物镜的光线减少,降低了视野的照明度(图2-2)。

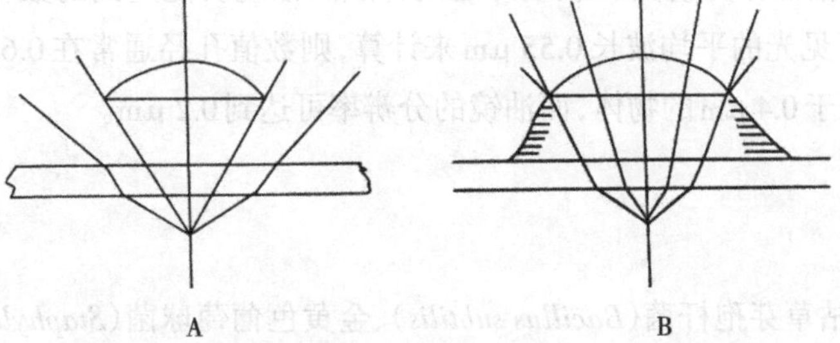

图2-2 干燥系物镜(A)与油浸系物镜(B)的光线通路图

(2)提高显微镜的分辨率。

显微镜的放大倍数=物镜放大倍数×目镜放大倍数;显微镜的分辨率(D)为显微镜工作时能分辨出物体两点间最小距离的能力,D值越小,表明分辨率越高,可用下列公式表示:

$$D=\frac{\lambda}{2NA}=\frac{\lambda}{2n\sin\mu}$$

式中,λ为光波波长;NA为物镜的数值孔径;n为物镜和被检标本间介质的折射率;μ为镜口角的半数;镜口角(α)即光线入射角,最大为140°(图2-3)。

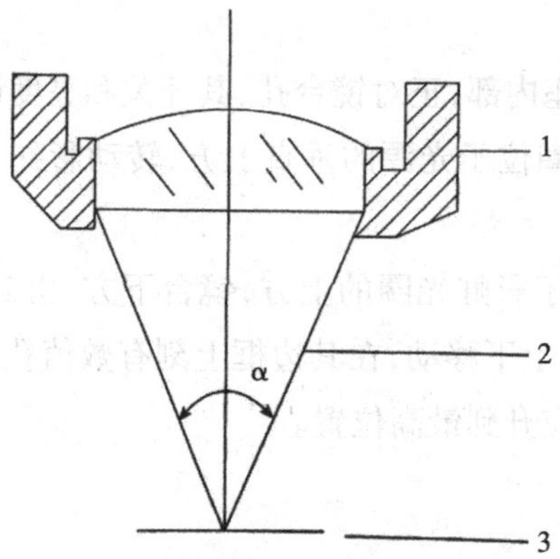

图2-3 物镜的镜口角

1.物镜;2.镜口角;3.标本

由式可见,要提高分辨率必须缩短光的波长和增大物镜的数值孔径。由于光学显微镜所用的照明光源是可见光(波长为0.4~0.7 μm,平均为0.55 μm),故必须靠增大物镜的数值孔径来提高显微镜的分辨率。由于香柏油的折射率(1.52)比空气和水的折射率(分别为1.0和1.33)高,因此以香柏油作为镜头和载玻片之间介质的油镜所能达到的数值孔径值要高于干燥系物镜。若以可见光的平均波长0.55 μm来计算,则数值孔径通常在0.65左右的高倍镜只能分辨出距离不小于0.4 μm的物体,而油镜的分辨率可达到0.2 μm。

三、实验用品

1. 玻片标本:枯草芽孢杆菌(*Bacillus subtilis*)、金黄色葡萄球菌(*Staphylococcus aureus*)、肺炎链球菌(*Streptococcus pneumoniae*)、四联球菌(*Tetracoccus*)、八叠球菌(*Octococcus*)、脑膜炎双球菌(*Neisseria meningitidis*)、大肠杆菌(*Escherichia coli*)、溶血性弧菌(*Vibrio haemolyticus*)、双歧杆菌(*Bifidobacterium*)、变形杆菌(*Proteus* spp.)鞭毛、伤寒杆菌(*Salmonella typhi*)周鞭毛、放线菌(*Actinomyces*)、酵母菌(*Yeast*)、根霉(*Rhizopus* sp.)、曲霉(*Aspergillus* sp.)、青霉(*Penicillium* sp.)、水产常见病原菌革兰氏染色标本等标本片。

2. 其他用品:普通光学显微镜、香柏油、擦镜纸、70%乙醇、二甲苯或镜头清洁液($V_{无水乙醚}$:$V_{无水乙醇}$=7:3)。

四、实验步骤

1. 低倍镜操作步骤

(1)打开装有普通光学显微镜的柜子,右手持握镜臂,左手托起镜座,将显微镜放置在平整的实验台上,使目镜正对自己。

(2)取下防尘布,检查目镜和物镜是否缺失,用擦镜纸擦拭目镜和物镜。

(3)旋转镜头转换器,使低倍物镜正对镜台孔,接通电源,打开开关。转动粗焦距调节器,使载物台上升至离物镜约1 cm处,调节瞳距至合适距离,并调节亮度调节器,使目镜中的视野亮度适中。

旋转镜头转换器时,只能从低倍镜转至高倍镜,不能从高倍镜转至低倍镜。

在使用低倍镜和高倍镜时应缓慢转动粗焦距调节器。

(4)将玻片标本放置在载物台上,用标本夹夹住,有盖玻片的一面朝上,并旋转标本移动器,将标本移动到镜台孔的中央,再调节粗焦距调节器,使载物台与物镜的间距为5 mm左右。

(5)通过目镜进行观察,缓慢转动粗焦距调节器,直到看见标本的形态,并旋转标本移动器使目标物位于视野中央,再缓慢调节细焦距调节器直到出现清晰的物像。

2. 高倍镜操作步骤

(1)在低倍镜下旋转标本推动器将目标物调节至视野中央。

(2)由低倍镜向高倍镜转动镜头转换器,直至高倍镜对准镜台孔。

(3)调节细焦距调节器直到出现清晰的物像。

(4)如果视野变暗可调节亮度调节器到合适亮度。

3. 油镜的操作步骤

(1)在高倍镜下旋转标本推动器将目标物移动到视野中央。

(2)转动镜头转换器,使高倍镜与镜柱呈30°夹角。

(3)用胶头滴管吸取香柏油,滴一滴在需要观察的区域。

(4)再将油镜缓慢转至正对镜台孔。

(5)调节亮度调节器至合适亮度。

(6)缓慢调节细焦距调节器直到出现清晰的物像。

4. 显微镜复原

(1)显微镜使用完毕后转动镜头转换器,使油镜正对自己。

(2)调节粗焦距调节器使得载物台位于最低位置。

(3)抬起标本夹,取下玻片标本。

(4)清洁显微镜。先用擦镜纸擦去镜头上的香柏油,再用擦镜纸蘸取少量二甲苯(或镜头清洁液)擦拭油镜,最后用干净的擦镜纸擦干;清洁目镜或其他物镜,可用干净的擦镜纸擦净;用柔软的绸布擦净机械部分的灰尘。

油镜使用完毕后应用擦镜纸擦洗干净。

(5)转动镜头转换器,使低倍镜正对镜台孔。

(6)调节亮度调节器,将亮度调节至最低。

(7)关闭开关并拔下插头。

(8)盖上防尘布,将普通光学显微镜放回原处。

五、实验结果

绘出观察到的微生物形态,并注明物镜放大倍数和总放大倍数。

六、思考题

1.如果在视野中发现异物,如何确定异物是位于目镜、物镜还是玻片标本上?

2.在使用油镜时为什么要滴加香柏油?

3.试述影响油镜分辨率的三个因素。

实验三

微生物培养基的制备与灭菌

微生物培养基是供微生物生长、繁殖、代谢的营养物质。不同的微生物对于营养物质的要求也各不相同,因此可以根据不同的研究目的,选择不同的培养基类型达到分离、筛选、培养的目的。配制好培养基是科学研究、发酵生产微生物制品的工作基础。因此,学习掌握培养基的配制方法是培养和研究微生物的基础。灭菌是获得微生物纯培养的基本条件,也是当前生物技术、食品工业、医药领域中必需的技术。

一、实验目的

1.学习配制微生物培养基的基本方法和步骤。

2.掌握常见灭菌技术的基本原理和操作方法。

3.了解高压蒸汽灭菌锅的安全知识和操作方法。

二、实验原理

培养基是用人工的方法将多种营养物质按照微生物生长代谢的需要配制成的一种营养基质。培养基的种类很多,按物质组成可分为:天然培养基、半合成培养基、合成培养基。按物理性质可分为:液体培养基、半固体培养基、固体培养基和脱水培养基。按性质和用途可分为:基础培养基、营养培养基、鉴别培养基、选择培养基和特殊培养基。

培养基主要用于微生物的分离培养、鉴定与研究,生物制品的制备等方面。配制培养基时不仅需要考虑微生物对营养成分的需求,还应考虑培养基的酸碱度(pH)、氧化还原电位、缓冲能力和渗透压等。

为保证培养微生物的纯净,配制好的培养基必须经过灭菌后才能使用。常用的灭菌方法有:干热灭菌(如火焰灭菌),湿热灭菌(如高压蒸汽灭菌、煮沸消毒、巴氏消毒等),过滤除菌,放射线灭菌等。除特殊情况外,培养基的灭菌一般均采用高压蒸汽灭菌法。此法是将灭菌物品放在高压蒸汽灭菌锅内,利用高压时水的沸点上升,从而造成蒸汽温度升高,由此产生高温达到杀灭杂菌的目的。

三、实验用品

1.试剂：待配各种培养基的组成成分、琼脂、1 mol/L NaOH和HCl溶液。

2.其他用品：天平、高压蒸汽灭菌锅、移液管、试管、烧杯、量筒、三角瓶、培养皿、玻璃漏斗、药匙、称量纸、pH试纸、记号笔、棉花等。

四、实验步骤

1. 培养基的配制

培养基的种类很多，配制方法也不完全相同，但基本程序和要求大体相同。一般配制流程依次为：计算、称量、溶解、调节pH、加琼脂并熔化、过滤、分装、加塞、包扎、灭菌、制作斜面或平板培养基、无菌检查。

(1)称量。

一般可用0.01 g天平称量配制培养基所需的各种药品，先按培养基配方计算出各成分的用量，然后进行准确称量。

(2)溶解。

将称好的药品置于一烧杯中，先加入少量水(根据实验需要可用自来水或蒸馏水)，用玻璃棒搅动，加热溶解。

(3)定容。

待全部药品溶解后，倒入一量筒中，加水至所需体积。如果某种药品用量太少，可预先配成较浓溶液，然后按比例吸取一定体积溶液，加入培养基中。

(4)调pH。

一般用精密pH试纸测定培养基的pH。用剪刀剪出一小段pH试纸，然后用镊子夹取此段pH试纸，在培养基中蘸一下，观看其pH范围。如培养基偏酸或偏碱时，可用1 mol/L NaOH或1 mol/L HCl溶液进行调节。调节pH时，应逐滴加入NaOH或HCl溶液，防止局部过酸或过碱，破坏培养基中的成分。边加边搅拌，并不时用pH试纸测试，直至达到所需pH为止。

(5)熔化琼脂。

配制固体培养基时，应将已配好的液体培养基加热煮沸，再加入称好的琼脂(1.5%~2%)，并用玻棒不断搅拌，以免糊底烧焦。继续加热至琼脂全部熔化，最后要加蒸馏水补足蒸发的水分。

(6)过滤。

用滤纸或多层纱布过滤培养基。一般无特殊要求时，此步可省去。

(7)分装。

按实验要求，可将配制的培养基分装入试管或三角瓶内。分装时注意不要使培养基沾在管口或瓶口，以造成污染。如操作不小心，培养基沾在管口或瓶口时，可用镊子夹一小块脱脂棉，擦去管口或瓶口的培养基，并将脱脂棉弃去。

①试管的分装。

取一玻璃漏斗，装在铁架上，漏斗下连一根橡皮管，橡皮管下端再与另一玻璃管相接，橡皮管的中部加一弹簧夹。分装时，用左手拿住空试管中部，并将漏斗下的玻璃管嘴插入试管内，以右手拇指及食指开放弹簧夹，中指及无名指夹住玻璃管嘴，使培养基直接流入试管内。装入试管培养基的量视试管大小及需要而定，若所用试管大小为15 mm×150 mm（直径×长度）时，液体培养基分装至试管高度的1/4左右为宜；如分装固体或半固体培养基时，在琼脂完全熔化后，应趁热分装于试管中。用于制作斜面的固体培养基的分装量以管高的1/5（3~4 mL）为宜，半固体培养基分装量以管高的1/3为宜。

②三角瓶的分装。

分装三角瓶的量应根据需要而定，一般以不超过三角瓶容积的一半为宜，若用于振荡培养微生物时，可在250 mL三角瓶中加入50 mL的液体培养基；若用于制作平板培养基时，可在250 mL三角瓶中加入150 mL培养基，然后再加入3 g琼脂粉（按2%计算），灭菌时瓶中琼脂粉同时被熔化。

(8)加塞。

培养基分装完毕，需要在试管及三角瓶口上塞上棉塞或硅胶塞等，过滤空气，以防止外界杂菌污染培养基，并保证良好的通气性能。

(9)包扎。

加塞后，将全部试管用线绳捆成一捆，在其外面包上一层牛皮纸，以避免灭菌时棉塞被冷凝水沾湿，并防止接种前培养基水分散失或污染杂菌。再用记号笔注明培养基名称、组别及配制日期，灭菌待用。三角瓶加塞后，外包牛皮纸，用线绳以活结形式扎好，使用时容易解开，同样用记号笔注明培养基名称、组别和配制日期。也可用厚的铝箔代替牛皮纸，省去扎绳。

(10)灭菌。

培养基经分装包扎后，应立即按配制方法规定的灭菌条件进行高压蒸汽灭菌。

(11)斜面和平板的制作。

①斜面的制作。

将已灭菌装有琼脂培养基的试管，趁热置于木棒或玻棒上，使其成适当斜度，凝固后即成斜面。斜面长度以不超过试管长度的1/2为宜（图3-1）。如制作半固体或固体深层培养基时，灭菌后则应垂直放置至凝固。

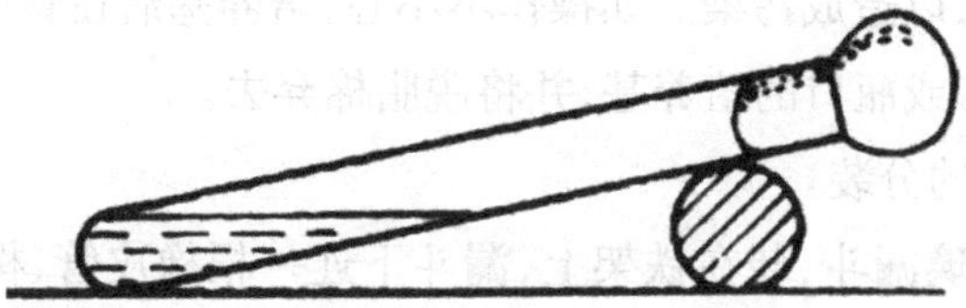

图3-1 斜面摆放法

②平板的制作。

将装在三角瓶中已灭菌的固体培养基冷却至50 ℃左右(温度过高,皿盖上的冷凝水太多;温度低于50 ℃,培养基易于凝固而无法制作平板),倾入无菌培养皿中。平板的制作应在火焰旁进行,右手托起三角瓶瓶底,左手拔下棉塞,稍微灼烧瓶口。左手拿培养皿,在火焰附近用左手大拇指将培养皿盖打开一缝至瓶口正好伸入,倾入10~15 mL培养基,迅速盖好皿盖,置于桌上并轻轻旋转培养皿,使培养基均匀分布在培养皿底部,待冷凝后即为平板培养基。

(12)灭菌检查。

将灭菌培养基置于37 ℃恒温箱中培养1~2 d,确定无菌后方可使用。

2. 干热灭菌法

干热灭菌法是利用高温使微生物细胞内的蛋白质凝固变性而达到灭菌的目的。细胞内的蛋白质凝固性与其本身的含水量有关。在菌体受热时,内环境和细胞内含水量越大,则蛋白质凝固就越快;反之含水量越小,凝固越缓慢。干热灭菌包括火焰灼烧和热空气灭菌两种。火焰灼烧适用于接种环、试管口等的灭菌。热空气灭菌是在电热烘箱内灭菌,适用于玻璃器皿、金属工具等不含水分物品的灭菌,如试管、培养皿、三角瓶、移液管、接种工具等。带有橡皮管或橡皮塞的玻璃器皿不能用干热灭菌。此法灭菌温度不能超过180 ℃,否则包装纸和棉塞会烧焦,甚至引起燃烧。干热灭菌法的操作步骤如下。

(1)准备。

洗涤清洁待灭菌物品(培养皿、试管等),并充分干燥,可置于45~60 ℃烘箱内烘干。

(2)装物。

将包扎好的待灭菌物品放入电热恒温箱内。

物品不能放得过满以免影响热空气流通而降低灭菌效果;物品不能接触其内壁的铁板,以防包装纸烤焦起火。

(3)升温。

关好箱门,接通电源,打开开关,调节温度调节器将所需温度设置为160~170 ℃,使温度逐渐上升。当指示灯红灯熄灭,绿灯亮时,表示停止升温。

(4)恒温。

当温度升至160~170 ℃时,由恒温调节器自动控制维持此温度2 h。期间应注意检查,严防恒温调节器的自动控温失灵而造成事故。

(5)降温。

关闭电源,自然降温。

(6)取物

待电热恒温箱内温度下降到60 ℃以下后,打开箱门,取出物品。灭菌过的器皿,在使用前不应打开铁盒或包装纸,避免污染。

以免骤然降温引起玻璃器皿炸裂。

3. 高压蒸汽灭菌

实验室内配置好的培养基常常采用高压蒸汽灭菌法灭菌。高压蒸汽灭菌法是将待灭菌物品在密闭的加压灭菌器内,加热使灭菌锅内产生蒸汽,水蒸气不能逸出,从而增加了灭菌器内的压力。水的沸点增高,高于100 ℃,导致菌体蛋白质凝固变性而达到灭菌目的。一般培养基采用0.1 MPa,于121 ℃维持15~30 min可达到彻底灭菌的目的。灭菌的温度及维持的时间随灭菌物品的性质、容量和导热性等不同而有所改变。如含糖培养基用0.06 MPa、112 ℃灭菌15 min,但为了保证效果,可将其他成分先经121 ℃、20 min灭菌,然后以无菌操作方法加入灭菌的糖溶液。如果灭菌对象体积大,蒸汽穿透困难,如沙、泥土等,应提高压力至0.13 MPa(即126 ℃),灭菌1 h。高压灭菌器的主要构成部分为:灭菌锅(外锅和内锅)、热源(电热丝)、盖、压力表、排气阀和安全阀等。高压灭菌锅的基本操作过程如下。

(1)加水。

将内层锅取出,再向外层锅内加入适量的水,使水面与金属搁架相平为宜。加水后放回内层锅。加水过多,会延长沸腾时间,降低灭菌效果;加水过少,则有将灭菌锅烧干而引起炸裂的危险。

(2)装锅。

将待灭菌物品叠放于桶内。注意桶内叠放的物品数量不宜太多，以免妨碍锅内蒸汽流通而影响灭菌效果。三角瓶与试管的口不能与桶壁接触，以免冷凝水淋湿包装纸面而渗入棉塞。

(3)加盖。

盖好锅盖，旋紧螺栓，保证紧密封闭。

(4)排气。

开启加热装置，当锅内压力接近于0.03 MPa时，打开排气阀，排除锅内的冷空气至压力为0，再重复上述操作1次。最后关闭排气阀。如果用自动压力锅，则只需设置灭菌条件：压力为0.1 MPa时，灭菌时间为20~30 min。

(5)灭菌。

继续加热，当压力为0.1 MPa时，维持20~30 min。

(6)降压和排气。

灭菌结束后，关闭加热装置，让灭菌锅内的温度自然下降，至压力为0时，打开排气阀，旋松螺栓。

(7)出锅。

当灭菌器皿温度降到50 ℃左右时，开盖取出物品。

灭菌锅内的冷空气必须完全排除，否则，灭菌锅内达不到预期的温度，影响灭菌效果。

须待锅内压力下降至0位后再打开排气阀放气，开盖取物。否则，会因锅内压力急剧下降，培养基或其他液体易发生沸腾，造成瓶内液体沾湿棉塞或冲出瓶口，甚至烫伤实验人员。

4. 过滤除菌

过滤除菌是通过机械作用滤去含有易受热分解物质的液体或气体中细菌的方法。根据不同的需要选用不同的过滤器和滤板材料。微孔滤膜过滤器由上下两个容器组成，中间为微孔滤膜。使用前将滤器和滤膜灭菌。过滤时，待过滤的液体加入滤器的上部容器中，再连接并启动真空泵，这样液体通过滤膜流入下面的容器中，而各种菌体被阻留在微孔滤膜上面，实现除菌。根据待除菌溶液量可选用不同大小的滤器。此法除菌的最大优点是可以不破坏溶液中各种物质的化学成分。但由于滤量有限，所以一般只适用于实验室小量溶液的过滤除菌。微孔滤膜法还可用于测定液体或气体中的微生物，如水体中的微生物检查。过滤除菌的操作如下。

(1)组装与灭菌。

将0.22 μm孔径的滤膜装入清洗干净的塑料滤器中，旋紧压平，包装灭菌后待用。

(2)加液。

在无菌条件下，打开微孔滤膜过滤器顶部的盖子，以无菌操作方式将待过滤溶液(2%葡萄糖溶液)倒入滤器上部容器内，再盖上

整个过程应在无菌条件下严格操作，以防污染。过滤时应避免各连接处出现渗漏现象。

盖子。

(3)抽滤。

连接真空泵并启动,使溶液通过滤膜流到下部容器中。

(4)无菌检查。

按无菌操作吸取除菌滤液0.1 mL于灭菌的营养琼脂平板上,涂布均匀,置于37 ℃恒温箱中培养24 h,检查是否有菌生长。

(5)清洗。

弃去微孔滤膜,将塑料滤器清洗干净,并换上一张新的微孔滤膜,组装包扎,再经灭菌后使用。

五、实验结果

1.简述本实验配制培养基的名称和数量。

2.检查培养基高压蒸汽灭菌的效果。

六、思考题

1.简述硅胶塞及报纸包装的作用及为什么要经过高压蒸汽灭菌后才能使用。

2.培养基的pH应该何时调节?为什么?

3.对比高压蒸汽灭菌和干热灭菌的异同点,简述高压蒸汽灭菌比干热灭菌要求的温度低、时间短的原因。

4.培养基配制完成后,为什么必须立即灭菌?若不能及时灭菌应如何处理?已灭菌的培养基如何进行无菌检查?

5.以下左侧所列物品各应采用何种消毒灭菌法?请连线。

无菌室空气消毒	干热灭菌
血清	巴斯德消毒法
乳糖	过滤除菌法
镊子、剪刀等	紫外线灭菌法
牛奶	高压蒸汽灭菌(112 ℃)

实验四

微生物的接种技术及分离纯化

微生物接种技术是生命科学研究中的一项最基本的操作技术。无菌操作是微生物接种的关键,微生物接种是在无菌环境中,按无菌操作条件给无菌培养基接种目的菌。微生物的分离、培养、纯化、鉴定、形态观察及生理研究等都必须进行接种。根据不同目的可采用不同的接种方法,如斜面接种、液体接种、平板接种及穿刺接种等。在水环境、底质、发病水生动物体内,不同种类的微生物往往混杂存在。为了获得单一纯培养微生物,常采用稀释混合倒平板法、稀释涂布平板法、平板划线分离法等微生物分离纯化的方法。

本实验包括微生物的接种和微生物的分离纯化两部分,前者主要介绍微生物的接种技术,后者主要介绍微生物的分离纯化技术。

微生物的接种技术

一、实验目的

1.了解无菌操作和微生物接种的基本概念。

2.掌握微生物的接种技术。

二、实验原理

将一定量的有菌材料或纯粹的菌种在无菌操作条件下转移到另一个适合于该微生物生长繁殖的无菌培养基上,这个过程就称为微生物接种。根据实验目的、培养基种类及培养基容器等的不同,所采用的接种方法略有不同,采用的接种工具(图4-1)也不同。常用的接种方法有斜面接种、平板接种、液体接种、穿刺接种等。

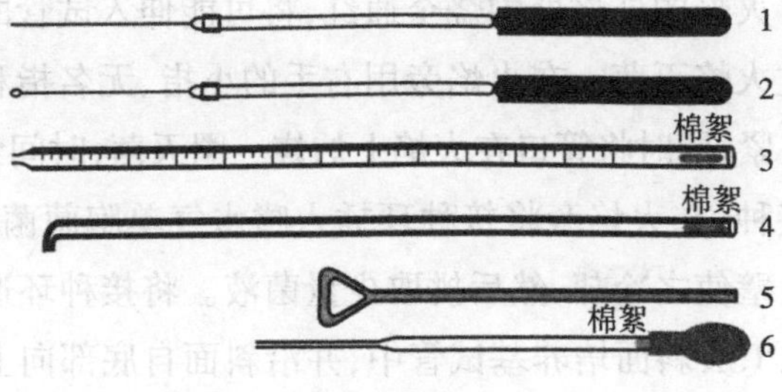

图4-1 常用的接种工具

1.接种针;2.接种环;3.移液管;4.弯头吸管;5.玻璃涂布棒;6.滴管

三、实验用品

1.菌种:嗜水气单胞菌菌液、水霉菌液等。

2.培养基:胰蛋白胨大豆琼脂(TSA)平板培养基和斜面培养基、胰蛋白胨大豆肉汤(TSB)培养基、马铃薯葡萄糖琼脂(PDA)平板培养基。

3.其他用品:超净工作台、生化培养箱、振荡培养箱、试管架、接种环、酒精灯、打火机、酒精棉球、一次性橡胶手套、报纸等。

四、实验步骤

1.接种前的准备

清洁超净工作台,将酒精灯及已灭菌的培养基(标注菌种名、日期、接种者)和接种工具(接种针、接种环、镊子、吸管等)放到台面上,开启鼓风机、紫外灯杀菌30 min。穿上工作服,用肥皂洗净手、臂,再用自来水冲洗干净,晾干。关闭紫外灯,于工作台前用70%~75%乙醇溶液仔细擦洗手、臂和菌种管外表面,尤其是管口周围。点燃酒精灯。

接种前务必核对待接试管标签上的菌名与菌种管是否一致,以防接错菌种。

2.接种操作

在无菌条件下操作完成。

(1)斜面接种法。(图4-2)

①准备:将嗜水气单胞菌菌种管开盖放置于酒精灯火焰区的无菌范围内(以火焰中心半径为5 cm内)。将TSA斜面培养基管握在左手大拇指和其他四指之间,在火焰旁(无菌区)用右手松动试管塞,以便接种时拔出。

②灭菌:右手握接种环与垂直方向呈30°夹角,并将接种环放置

灼烧要彻底。

在酒精灯火焰的外焰处灼烧至通红，将可能伸入试管的环以上部分均匀通过火焰灭菌。在火焰旁用右手的小指、无名指和手掌拔下试管塞并夹紧，同时将管口在火焰上灼烧一圈灭菌，时间约2 s。

灼烧后的接种环要冷却后才能进行下一步实验，避免高温的铂丝烫伤菌种。

注意勿将培养基划破，也不可使环接触管壁或管口。

③接种：在火焰旁将接种环插入嗜水气单胞菌菌种管内，先接触试管内壁使之冷却，然后挑取少量菌液。将接种环退出菌种试管快速插入TSA斜面培养基试管中，并沿斜面自底部向上端画蛇形细线。如为观察某微生物生长特征或检查菌株纯度，也可轻轻划一条直线。

④灼烧：将接种环从试管中移出，再用火焰灼烧管口，并将塞子过火后在火焰旁将试管塞上。灼烧接种环至通红灭菌。

⑤培养：将接种好的试管从超净工作台中取出，放入28 ℃培养箱中培养24 h后观察。

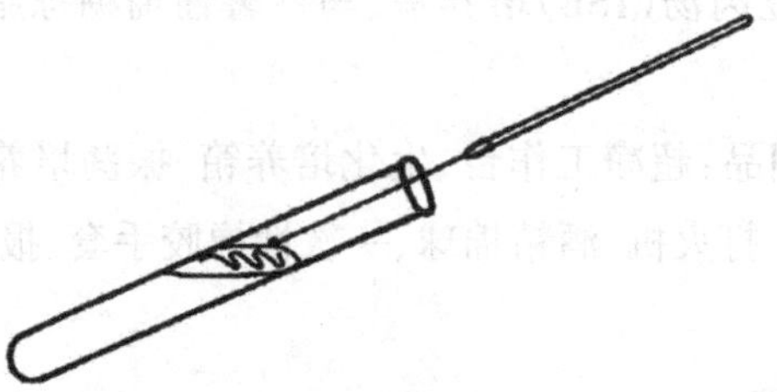

图4-2　斜面接种法示意图

(2)平板接种法。

平板接种法是指在平板培养基上划线、点接或涂布接种。

为了取得良好的划线效果，可事先在空培养皿上练习划线动作，待熟练掌握划线要领后，再正式进行平板划线。

用接种环在培养基表面划线分离时，不要太用力，以免划破培养基。

①划线法：包括斜线法、曲线法、方格法、放射法、四格法等，可根据具体情况灵活选用(图4-3)。曲线法的操作步骤如下。

a.前半部分操作步骤和斜面接种相同，培养基为TSA平板培养基。

b.在火焰旁，用左手小拇指和手掌心握住装有TSA的培养皿，左手食指和大拇指将培养皿的盖子微微抬起，留出一条缝。

c.用右手将接种环灼烧至通红，待其冷却。

d.用接种环蘸取少量嗜水气单胞菌菌种，再快速伸进培养皿中，在培养基表面连续“Z”字形划线[图4-3(2)]，直到画满整个培养基。

e.盖上培养皿的盖子，并做好标记。

f.将其倒置于28 ℃培养箱中培养24 h后观察。

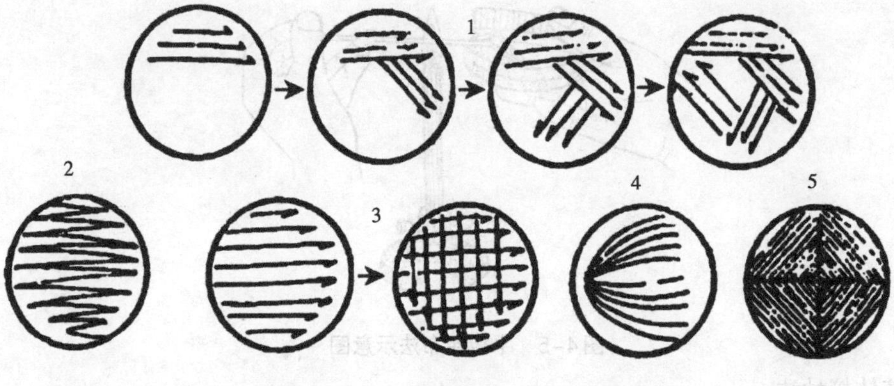

图4-3 平板划线分离法示意图

1.斜线法;2.曲线法;3.方格法;4.放射法;5.四格法

②点接种法。(图4-4)

a.前半部分操作流程和斜面接种相同,菌种换为真菌水霉。

b.在火焰附近,将接种环蘸取少量水霉菌种。

c.立即在PDA平板培养基表面均匀点上3~4个点。

d.密封后,在25 ℃下培养72 h后观察。

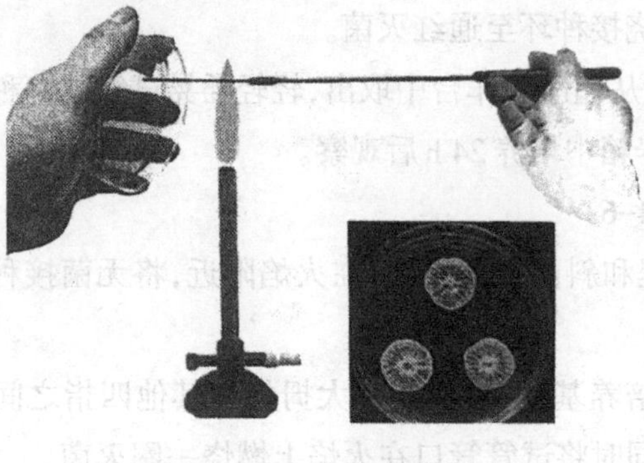

图4-4 三点接种示意图

③涂布接种法。(图4-5)

a.将嗜水气单胞菌菌种培养物制成稀释菌悬液。

b.用无菌移液管吸取0.1 mL于TSA平板培养基中。

c.用无菌玻璃涂布棒将菌液在培养基表面均匀涂布,使菌体能在培养后形成单个菌落。

d.密封后,在28 ℃条件下培养24 h后观察。

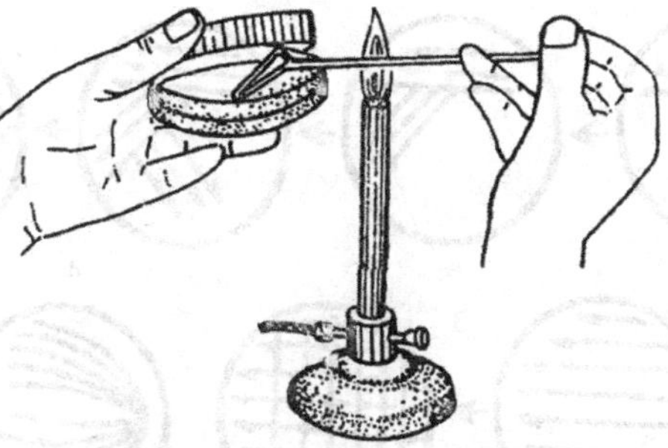

图4-5　平板涂布法示意图

(3)液体接种法。

①前半部分操作流程和斜面接种相同,在火焰附近,将无菌接种环插入嗜水气单胞菌菌种管内,挑取少量菌体。

②将待接种管(TSB肉汤培养基管)握在左手大拇指和其他四指之间,用右手的小指、无名指和手掌拔下塞子并夹紧,同时将试管管口在火焰上燃烧一圈,时间约2 s。

③在火焰附近,将带菌接种环插入嗜水气单胞菌菌种管内,使接种环和管内壁摩擦几下以洗下环上的菌体。

④将接种环从试管中移出,并注意不要碰到试管口。

⑤塞上试管塞,并灼烧接种环至通红灭菌。

⑥将接种完成的试管从超净工作台中取出,轻轻摇晃试管使菌种与培养基充分混匀。

⑦放入28 ℃振荡培养箱中培养24 h后观察。

(4)穿刺接种法。(图4-6)

①前半部分操作流程和斜面接种相同,在火焰附近,将无菌接种环插入嗜水气单胞菌菌种管内,挑取少量菌体。

②将待接种管(TSA培养基管)握在左手大拇指和其他四指之间,用右手的小指、无名指和手掌拔下塞子并夹紧,同时将试管管口在火焰上燃烧一圈灭菌。

③将带菌接种环垂直插入TSA培养基中,注意不要插入培养基底部,再按原路返回。

④塞上试管塞,并灼烧接种环至通红灭菌。

⑤将接种完成的试管从超净工作台中取出,放入28 ℃培养箱中培养24 h后观察。

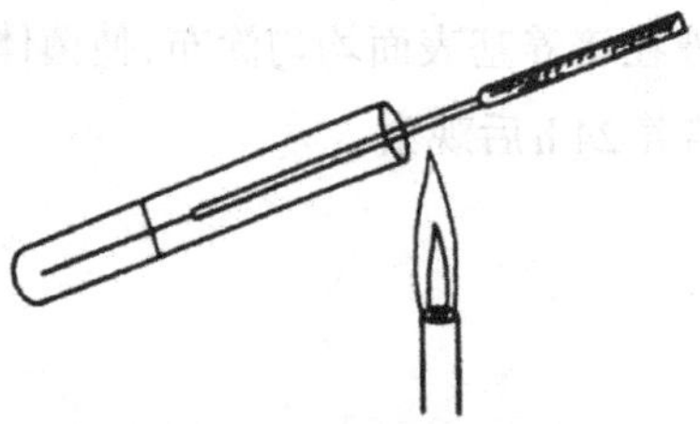

图4-6　穿刺接种法示意图

五、实验结果

观察并记录接种后的培养物特征，若有污染，分析污染原因。

六、思考题

1. 比较不同接种方法各自的特点和用途。

2. 平板培养基接种后为什么要倒置培养？

3. 总结无菌操作接种的要点。

微生物的分离纯化

一、实验目的

掌握微生物的分离纯化技术。

二、实验原理

微生物在培养基上生长形成的单个菌落，即为一个细胞繁殖而成的集合体，因此可通过挑取单菌落而获得一种纯培养。获取单个菌落可通过稀释平板法、涂布法和平板划线法等分离纯化方法实现。

三、实验用品

1. 菌种：细菌混合培养物。

2. 其他用品：TSA培养基、胶头滴管、马克笔、标签、培养皿、玻璃涂布棒、生化培养箱、接种环、酒精灯、打火机、酒精棉球、200 μL移液枪等。

四、实验步骤

全程应无菌操作。

1. 菌液的制备

(1)取10 mL细菌混合培养物加入盛有90 mL无菌水的250 mL三角瓶中振荡混匀，配成10^{-1}稀释液。

(2)另取装有9 mL无菌水的试管5支，分别用记号笔标上10^{-2}、10^{-3}、10^{-4}、10^{-5}、10^{-6}。

(3)用无菌吸管吸取1 mL已稀释成10^{-1}菌液，加入10^{-2}无菌水试管中，并在试管内轻轻吹吸数次，使之充分混匀，即成10^{-2}稀释液。

(4)同法依次连续稀释至10^{-3}、10^{-4}、10^{-5}、10^{-6}稀释液。

2. 稀释平板法(混合法)

(1)先在无菌培养皿底部标注稀释倍数、组别、班级。

(2)在无菌条件下，用吸管吸取连续稀释度的稀释液0.1 mL，分别注入无菌培养皿中。

(3)取已熔化在水浴锅中保温50 ℃左右的固体培养基，分别依次倒入15~20 mL培养基于上述培养皿中，轻轻转动培养皿，使菌液、培养基充分混匀铺平，置于平坦的桌面上，待其凝固。

倒入的培养基不能太热，否则会烫死微生物。

动作要轻，混合均匀。

(4)凝固后倒置放置于28 ℃培养箱中培养24~48 h。

(5)观察菌落形态，挑选单个菌落，接种于培养基上观察。如果不纯，再继续接种纯化，直到分离出单一菌种为止。

挑取单菌落时，应注意选取分散、孤立并具有典型特征的菌落，以尽快获得纯种。

3. 涂布平板法

(1)取TSA平板培养基，在培养皿底部标注稀释倍数、组别、班级。

用于涂布或平板划线用的培养基，不能倒得太薄，最好在使用前一天倒好；琼脂含量宜高些(2%左右)，否则会因平板太软而被弄破。(下同)

(2)在无菌条件下，用吸管吸取连续稀释度的稀释液0.2 mL，分别注入相应编号的平板培养基表面。

(3)将玻璃涂布棒在火焰上快速通过3~4次，然后冷却5 s，将三角玻璃棒放入培养皿中先接触培养基的边缘使其完全冷却。

(4)左手执培养皿，并将皿盖开启一缝，右手拿冷却好的无菌三角玻璃棒将菌液轻轻涂开、均匀铺满整个平板，并防止平板培养基破损。

(5)将平板倒置于28 ℃培养箱中培养24~48 h。

(6)观察菌落形态，挑选单个菌落，接种于培养基上观察。如果不纯，再继续接种纯化，直到分离出单一菌种为止。

4. 平板划线法

(1)取无菌TSA平板培养基，在培养皿底部边缘标注稀释倍数、组别和班级。

同上。

(2)接种环蘸取菌液之后先在准备好的TSA培养基一侧连续划线[参照图4-3(1)]。

(3)接种环灼烧冷却后，直接在(2)划线的基础上再用接种环画一条与之前垂直的线并延伸到培养基另一侧的空白区域，再沿着线的末端连续划线。

(4)将划线后的平板倒置于28 ℃培养箱中培养24 h。

(5)观察菌落形态，挑选单个菌落，接种于培养基上观察。如果不纯，再继续接种纯化，直到分离出单一菌种为止。

五、实验结果

记录不同分离纯化方法获得的单菌落数量，简述其菌落特征。

六、思考题

1. 如何确定平板上的某个单菌落已经纯培养完成？

2. 试总结自己在平板划线法分离操作中的体会。

3. 描述混合平板法中固体培养基内的菌落是如何分布的，不同层次的菌落形态、大小的区别及其原因。

4. 同一稀释度的菌液，在不同方法的分离计数中所出现的菌落是否相同？为什么？

5. 比较混合平板法和涂布平板法的优缺点和应用范围。

实验五

微生物细胞大小的测量

微生物细胞的大小是其重要的形态特征，也是微生物分类鉴定的依据之一，因此对于微生物大小的测定具有重要意义。但由于微生物极其微小，只能在显微镜下进行测量，常用于测量微生物细胞大小的工具有目镜测微尺和镜台测微尺。目镜中观测到的是放大后的物像，又因放大倍数不同时，目镜测微尺每小格所代表的实际长度随之变化，因此目镜测微尺在使用前必须用镜台测微尺进行校正。

一、实验目的

1. 了解目镜测微尺和镜台测微尺的构造和使用原理。
2. 掌握微生物细胞大小的测定方法。

二、实验原理

目镜测微尺是一块圆形小玻片，在玻片中央把5 mm长度分割为50等份(或10 mm分割为100等份)。进行测量时，将其放置在目镜的隔板上(此处与物镜放大的中间像重叠)来测量经显微镜放大后的细胞物像。由于不同目镜、物镜组合的放大倍数不同，目镜测微尺每小格表示的实际长度也不同。因此，用目镜测微尺测量微生物大小时，必须先用镜台测微尺进行校正，以推算出一定放大倍数下，目镜测微尺每小格代表的相对长度。

镜台测微尺是中部刻有精确等分线的载玻片，一般将1 mm等分为100小格，即每格长度为10 μm，用于目镜测微尺的校正。进行校正时，将镜台测微尺放在载物台上，由于镜台测微尺与待测样本片处于同一位置，因此从镜台测微尺上得到的读数就是微生物的真实大小。所以，用镜台测微尺的已知长度在一定放大倍数下校正目镜测微尺，即可求出目镜测微尺每格代表的长度，然后移除镜台测微尺，更换待测样本片，用校正好的目镜测微尺在同样的放大倍数下测量微生物的大小。

三、实验用品

1. 菌种：枯草芽孢杆菌(*Bacillus subtilis*)。
2. 其他用品：显微镜、目镜测微尺、镜台测微尺、盖玻片、载玻片、滴管、双层瓶、擦镜纸等。

四、实验步骤

1. 目镜测微尺的校正

(1)将目镜的上透镜旋下，把目镜测微尺(刻度朝下)装入目镜隔板上，把镜台测微尺(刻度朝上)置于载物台上。

(2)先用低倍镜观察，调节至清晰看到镜台测微尺，视野中看清镜台测微尺的刻度后，移动镜台测微尺和旋转目镜测微尺，使两者的刻度平行，再使两尺的0刻度完全重合，定位后，仔细寻找两尺第二个完全重合的刻度(图5-1)，计数两重合刻度之间目镜测微尺和镜台测微尺的格数。

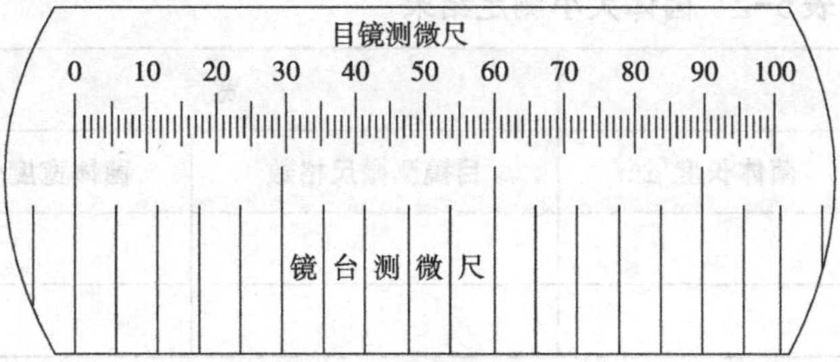

图5-1 目镜测微尺的校正

(3)由于镜台测微尺每格的长度是已知的(每格10 μm)，所以从镜台测微尺的格数就可求出目镜测微尺每小格的长度。

例如：目镜测微尺5小格正好与镜台测微尺5小格重叠，已知镜台测微尺每小格为10 μm，则目镜测微尺上每小格的长度为=5×10 μm/5＝10 μm。

(4)用同法分别校正在高倍镜下和油镜下目镜测微尺每小格所代表的长度。

目镜测微尺和物镜测微尺的安装方向一定要正确，否则影响测定。

由于不同显微镜及其附件的放大倍数不同，因此校正目镜测微尺必须针对特定的显微镜和附件，且只能在特定的情况下重复使用，当更换不同放大倍数的目镜或物镜时，必须重新校正目镜测微尺每格代表的长度。

2. 细胞大小的测定

(1)取一滴枯草芽孢杆菌菌悬液制成水浸片。

(2)移去镜台测微尺，更换为枯草芽孢杆菌水浸片。

(3)先在低倍镜下找到目的物，然后在油镜下用目镜测微尺来测量菌体的长度和宽度各占几格(不足一格的部分估计到小数点后一位数)。测出的格数乘以目镜测微尺每格的校正值，即等于菌体的长度和宽度。

(4)油镜镜头清洁，同实验二中“清洁显微镜操作”。

对细菌等原核微生物大小的测定需要使用油镜。一般测量菌体的大小要在同一标本片上测量10~20个菌体，求出平均值。测量时一般使用对数生长期的菌体。

去除香柏油时不宜用过多的二甲苯，否则会使镜台测微尺盖片下的树胶溶解。

五、实验结果

1.将目镜测微尺标定结果填入下表。

表5-1　目镜测微尺标定结果

物镜	目镜测微尺格数	镜台测微尺格数	目镜测微尺每格代表的长度/μm
低倍镜			
高倍镜			
油镜			

2.将测得的菌体大小值填入下表。

表5-2　菌体大小测定结果

菌体编号	长		宽	
	目镜测微尺格数	菌体长度/μm	目镜测微尺格数	菌体宽度/μm
1				
2				

六、思考题

1.为什么更换不同放大倍数的目镜和物镜时必须重新对目镜测微尺进行校正？

2.若目镜不变，目镜测微尺也不变，只改变物镜，那么目镜测微尺每小格所测量的镜台上的菌体细胞的实际长度(或宽度)是否相同？为什么？

实验六

微生物的计数方法及细菌生长曲线绘制

生长繁殖是微生物的重要生命活动之一。生长意味着单个细胞中原生质总量的增加,而繁殖意味着个体细胞数目的增多。因此,生长与繁殖是两个紧密联系、不断交替进行的生命现象与过程。由微生物的个体生长导致个体繁殖,最终引起容器内微生物群体的生长现象。在微生物培养研究中的"生长"一般指其群体生长,即在单位体积的群体中细胞浓度(菌体密度)、质量或体积的增加。微生物群体生长情况可以通过测定单位时间内微生物细胞数量的增加或细胞物质的增加来评价。

生长与繁殖因含义不同,其测定的原理和方法也各异。常用的测定微生物生长量的方法有直接法和间接法。直接法如测定细胞群体的体积、称其干重或湿重等;间接法则采用比浊法或生理指标法等来测量其生长量。而微生物生长繁殖的计数(即微生物数量的测定)是要计算出其群体中微生物的个体数目,通常只适宜于单细胞微生物(如细菌、酵母菌),或呈丝状生长的真菌或放线菌所产生的孢子。微生物生长繁殖的计数通常可分为显微镜直接计数法与间接(活菌计数)法两种。本实验包括微生物计数和细菌生长曲线测定两个实验,前者主要介绍显微镜直接计数法与平板菌落计数法两种方法,后者是利用光电比浊法绘制大肠杆菌的生长曲线。

微生物计数——显微镜直接计数法

一、实验目的

了解血细胞计数板的构造与计数原理,掌握使用血细胞计数板进行微生物计数的方法。

二、实验原理

显微镜直接计数法是将少量待测样品的悬浮液置于计数器上(一种特别的具有确定面积和容积的载玻片),于显微镜下直接观察计数的一种简便、快速、直观的方法。目前国内外常用的计菌器有：血细胞计数板、Peterof-Hausser细菌计数板和Hawksley计数板等，它们都可用于细菌、酵母、霉菌孢子等悬液的计数。这三种计数板的原理和部件相同，只是细菌计数板较薄，可以使用油镜进行观察，而血细胞计数板较厚，不能使用油镜进行观察。

用血细胞计数板在显微镜下直接计数是一种常用的微生物计数方法。该计数板是一块特制的载玻片，其上由4条凹槽构成3个平台。中间较宽的平台又被一短横槽隔成两半，每一边的平台上各有1个方格网，每个方格网分成9个大方格，中间的大方格即为计数室。计数室的刻度一般有两种规格：一种是1个大方格分成16个中方格，每个中方格又分成25个小方格；另一种是1个大方格分成25个中方格，每个中方格又分成16个小方格。两种规格计数板的共同特点是1个大方格中的小方格都是400个。大方格的边长为1 mm，面积为1 mm^2，盖上盖玻片后，盖玻片与载玻片之间的高度为0.1 mm，所以计数室的容积为0.1 mm^3(0.1 μL)。计数时，一般统计5个中方格的总菌数，然后再计算其平均值，再乘25或16，得出1个大方格的总菌数，最后再换算成1 mL菌液中的总菌数。

对于微生物活细胞的计数，可以先用一定的美蓝染色液对其菌悬液进行适当染色，然后在计数室中分别计取活细胞和死细胞的数量：活细胞将美蓝还原为无色的亚甲白；而衰老或死细胞由于代谢缓慢或停止，不能使美蓝还原，故细胞被染成淡蓝色或蓝色。

三、实验用品

1.菌种：酿酒酵母(*Saccharomyces cerevisiae*)斜面菌种或培养液。

2.染色液和试剂：美蓝染色液、pH 7.0磷酸盐缓冲液。

3.其他用品：血细胞计数板、显微镜、盖玻片、吸水纸、擦镜纸、滴管等。

四、实验步骤

1. 计总菌数

(1)稀释。

将酿酒酵母加无菌水适量稀释(斜面一般稀释到10^{-2})。一般要求血细胞计数板计数室的每小格内有5~10个菌体。

(2)镜检计数室。

加样前先镜检计数板的计数室。若有污染，则须清洗，吹干后再进行计数。盖玻片应用擦镜纸擦干净。

(3)加样。

将洁净干燥的血细胞计数板盖上盖玻片，用无菌吸管吸取少量摇匀的酿酒酵母菌液从计数板平台两侧的沟槽内沿盖玻片边缘滴一小滴(不宜过多)，让菌液沿缝隙靠毛细渗透作用自行进入计数室，并用吸水纸吸去沟槽中多余的菌液。轻压盖玻片使其紧贴计数器。静置5 min，使细胞自然沉降。

加菌悬液时要避免计数室产生气泡，以免影响计数结果。

(4)显微镜计数。

将加有样品的血细胞计数板置于载物台上，先用低倍镜找到计数室位置，再用高倍镜计数。每个计数室选5个中格(可选4个角和中央的中格)中的菌体进行计数。位于中格边线上的菌体一般只数上方线和左边线上的。如遇酵母出芽，芽体大小达到母细胞一半时即作为2个菌体计数。计数时还应不断调节微调螺旋，以便看到不同层面的菌体，使计数室内的菌体全部被统计到，防止遗漏。每个样品重复计数2~3次(每次数值不应相差过大，否则应重新操作)，取平均值计算结果。

(5)结果计算。

计算公式：菌数(个/mL)=每中格平均数×25(或16)×10^4×稀释倍数

(6)清洗血细胞计数板。

计数完毕后，取下盖玻片，及时用水冲洗计数板，用吸水纸吸干，然后用乙醇棉球仔细轻轻擦拭，再用蒸馏水冲洗干净后自然晾干或用吹风机吹干(也可用擦镜纸吸干)，放入盒内保存。

切勿用硬物洗涮或擦抹。

2. 计死、活菌数

(1)制备酵母菌悬液。

在培养48 h的酿酒酵母斜面试管内加10 mL pH 7.0的磷酸盐缓冲液，将菌苔洗下，倒入含有玻璃珠的锥形瓶中充分振荡以分散细胞。然后，将菌液适当稀释。

(2)活菌染色。

在洁净干燥的1.5 mL离心管中加入0.9 mL美蓝染色液和0.1 mL菌液，充分混匀，静止染色10 min后计数。

(3)镜检计数室。

方法同前。

活菌染色法计数的效果常受细胞数与染料比例、染色时间和染色时的pH等因素的影响，通常控制pH为：酵母菌6.0~6.8；细菌7.0~7.2。

(4)加染色菌液。

方法同前。

(5)计数与计算。

分别计数死细胞(蓝色)和活细胞(无色),计算活细胞百分比。

(6)清洗血细胞计数板。

方法同前。

五、实验结果

1.将酵母菌液计数结果记录在下表中。

表6-1　酵母菌液计数结果

<table>
<tr><th rowspan="2">次数</th><th colspan="5">中格菌数</th><th rowspan="2">5个中格的总菌数</th><th rowspan="2">菌液稀释倍数</th><th rowspan="2">菌数/(个/mL)</th><th rowspan="2">平均菌数/(个/mL)</th></tr>
<tr><th>1</th><th>2</th><th>3</th><th>4</th><th>5</th></tr>
<tr><td>1</td><td></td><td></td><td></td><td></td><td></td><td></td><td></td><td></td><td rowspan="2"></td></tr>
<tr><td>2</td><td></td><td></td><td></td><td></td><td></td><td></td><td></td><td></td></tr>
</table>

2.将死、活酵母菌的计数结果记录在下表中。

表6-2　死、活酵母菌的计数结果

<table>
<tr><th colspan="2" rowspan="2">次数</th><th colspan="5">中格菌数</th><th rowspan="2">5个中格的总菌数</th><th rowspan="2">中格菌数(平均值)</th><th rowspan="2">菌液稀释倍数</th><th rowspan="2">成活率/%</th></tr>
<tr><th>1</th><th>2</th><th>3</th><th>4</th><th>5</th></tr>
<tr><td rowspan="2">1</td><td>活菌</td><td></td><td></td><td></td><td></td><td></td><td></td><td></td><td rowspan="2"></td><td rowspan="2"></td></tr>
<tr><td>死菌</td><td></td><td></td><td></td><td></td><td></td><td></td><td></td></tr>
<tr><td rowspan="2">2</td><td>活菌</td><td></td><td></td><td></td><td></td><td></td><td></td><td></td><td rowspan="2"></td><td rowspan="2"></td></tr>
<tr><td>死菌</td><td></td><td></td><td></td><td></td><td></td><td></td><td></td></tr>
</table>

六、思考题

1.试分析影响本实验结果的误差主要来自哪些方面?如何尽量减少误差?

2.为什么计数室内不能有气泡?试分析产生气泡的可能原因。

微生物计数——平板菌落计数法

一、实验目的

掌握平板菌落计数法的基本原理，能熟练应用该方法定量计算样品中的微生物活菌数。

二、实验原理

平板菌落计数法是测定样品中活菌量的常用方法，故又称活菌计数法。平板菌落计数法计数时，先用无菌盐水或磷酸盐缓冲液将待测样品做一系列稀释，使其分散成单细胞，再取一定量的稀释液接种到固体平板上培养，使其均匀分布；经培养后，由每个单细胞生长繁殖而形成肉眼可见的菌落（理论上一个单菌落应代表样品中的一个细胞），统计菌落数目，同时根据其稀释倍数和接种量即可推算出单位体积样品内的活菌数。待测样品往往不易完全分散成单个细胞，平板上形成的菌落不一定全是由单个细胞繁殖形成的，因此平板菌落计数法的结果往往偏低。现用菌落形成单位（Colony Forming Units，CFU）取代以前的绝对菌落数来表示样品的活菌含量。

平板菌落计数法虽然操作比较烦琐，所需时间较长，测定结果易受多种因素的影响，但其最大的优点是能测出样品中的活菌数，所以常用于微生物的选种与育种，某些成品（如杀虫菌剂等）的质量检定，生物制品的性能检定，土壤含菌量测定，以及食品、饮料、水源的污染程度检测等。

三、实验用品

1. 菌种：大肠杆菌（*Escherichia coli*）。

2. 培养基：牛肉膏蛋白胨琼脂培养基。

3. 其他用品：无菌吸管、无菌培养皿、无菌水、试管、试管架、恒温培养箱等。

四、实验步骤

1. 编号

取6~8支无菌试管，依次编号为10^{-1}、10^{-2}、10^{-3}…10^{-6}（或至10^{-8}，视菌液浓度而定）；另取10套无菌培养皿，依次编号为稀释度10^{-4}、10^{-5}和10^{-6}（或10^{-6}、10^{-7}和10^{-8}）各3套，另1个平板作空白对照。

每支移液管或吸管在移取菌液前，都必须在待菌液中来回吹吸几次，使菌液充分混匀并让移液管或吸管内壁达到吸附平衡。

2. 稀释

用5 mL无菌吸管或移液管分别精确吸取4.5 mL无菌的生理盐水于上述各编号的试管中。再用无菌吸管吸取0.5 mL已充分混匀的大肠杆菌菌悬液，滴加至10^{-1}试管中(注意:这根已接触过原始菌液样品的吸管尖端不能再接触10^{-1}试管的菌液液面)，此时为10倍稀释。将10^{-1}试管中的菌悬液充分混匀，用无菌吸管吸取0.5 mL滴加至10^{-2}试管中，此时为100倍稀释。其余依次类推，直至稀释到10^{-6}(或10^{-8})为止。整个稀释流程如图6-1所示。

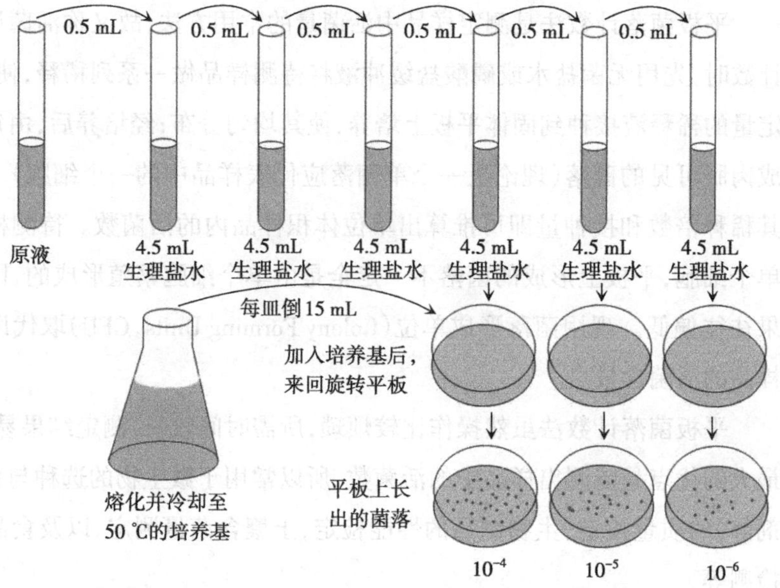

图6-1 平板菌落计数法操作过程示意图

各稀释度菌液移入无菌培养皿内时，要"对号入座"，切莫混淆。

菌液加入培养皿后要尽快倒入熔化并冷却至50 ℃左右的琼脂培养液中，立即摇匀，否则菌体会吸附在皿底上，不易形成均匀分布的单菌落，从而影响计数的准确性。

3. 取样

用无菌吸管分别吸取10^{-4}、10^{-5}和10^{-6}稀释菌液各1 mL加至相应编号的无菌培养皿中。每个稀释度做3个平行样。

4. 倒平板

菌液移入培养皿后应立即倒上熔化并冷却至45~50 ℃的牛肉膏蛋白胨琼脂培养基(倒入量为15~20 mL)，置于水平位置迅速旋动平板，使培养基与菌液混合均匀，且不能使培养基荡出平皿或溅到平皿盖上。混匀后水平放置，待培养基凝固。

5. 倒置培养

待平板完全凝固后，倒置于37 ℃恒温箱中培养。

6. 计菌落数

培养48 h后取出平板计数，记录各皿的菌落数，算出同一稀释度3个平板上的平均菌落数，并按下列公式进行计算：

每毫升样品中细菌的数量(CFU)=同一稀释度三次重复的菌落平均数×稀释倍数

平板菌落计数法的操作除上述混合平板法外，还可以用涂布平板法进行。两者操作基本相同，不同的是后者先将牛肉膏蛋白胨琼脂培养基趁热倒入无菌平板中，待凝固后编号，然后用无菌吸管吸取稀释好的菌悬液对号接种在不同稀释度编号的琼脂平板上(每个编号设3个重复)。再用无菌玻璃涂棒将菌液在平板上涂布均匀，将涂抹好的平板平放于实验桌上20~30 min，以使菌液渗透入培养基内，然后倒置于37 ℃的恒温培养箱中培养24~48 h。涂布平板用的菌悬液一般以0.1 mL为宜，若过少则菌液不易涂布开，而过多则在涂布后或培养时菌液仍会在平板表面流动，不易形成单菌落。

一般选择菌落数在30~300之间的平板作为细菌总数测定的标准。每个稀释度使用3个平板菌落的平均数作为该稀释度的菌落数，若一个平板有较大片状菌落生长时，则不宜采用，而应以菌落分布独立的平板计数作为该稀释度的菌落数；若片状菌落不到平板一半，而其余一半菌落分布均匀，可计算半个平板后乘以2代表整个平板的菌落数，最后再计算该稀释度的平均菌落数。

计算过程说明：

(1)选择平均菌落数在30~300之间的稀释度，当只有一个稀释度的平均菌落数介于此范围时，细菌总数为该稀释度下的菌落平均数与稀释倍数的乘积。

(2)若有2个稀释度的生长菌落数介于30~300之间，则按两者菌落总数之比值来决定。若其比值小于2，应取两者的平均数作为细菌总数；若比值大于2，则取其中较小的菌落总数作为细菌总数。

(3)若所有稀释度的平均数都大于300，细菌总数由稀释度最高的平均菌落数乘以稀释倍数确定。

(4)若所有稀释度的平均数都小于30，细菌总数由稀释度最低的平均菌落数乘以稀释倍数确定。

(5)若所有稀释度的平均数都不在30~300之间，细菌总数由最接近30或300的平均菌落数乘以该稀释倍数确定。

(6)若所有稀释度都无菌落生长，细菌总数由小于1乘以最低稀释倍数确定。

7. 清洗器皿

可先将平板里的培养基刮去，或用水蒸煮，至培养基熔化后倒出，然后用洗洁精清洗。若为微生物培养或污染的培养基，应先高压灭菌后再进行洗涤。

五、实验结果

将各皿计数结果记录在下表中，并结合上述数据处理方法进行换算并报告最后结果。

表6-3　样品细菌总数的计数结果记录

稀释度	每皿菌落数			平均菌落数	活菌数/(CFU/mL)
	1	2	3		
10^{-4}					
10^{-5}					
10^{-6}					

注：可以同时采用两种接种培养法(混合平板法和涂布平板法)，通过观察结果比较这两种方法各自的优缺点并分析实验误差。

六、思考题

1. 试比较平板菌落计数法和显微镜直接计数法的优缺点。
2. 稀释倒平板法中，为什么熔化后的培养基要冷却到50 ℃左右才倒平板？
3. 要使平板菌落计数准确，哪几步最为关键？为什么？
4. 菌落形成单位(CFU)的含义是什么？

细菌生长曲线的绘制

一、实验目的

1. 了解大肠杆菌生长曲线的特点。
2. 掌握用比浊计数法绘制细菌生长曲线的测定原理和操作方法。

二、实验原理

将一定量的菌体细胞接种到恒容积的、合适的新鲜液体培养基中，在适宜的条件下进行培养，定时取样测数，以菌体数目的对数值(或OD值)为纵坐标，以培养时间为横坐标，作出的曲线称为生长曲线，它反映了该微生物的群体生长规律。生长曲线一般可分为延滞期、对数期、稳定期和衰亡期，这4个时期的长短因菌种的遗传性、接种量、培养基成分和培养条件的不同而异。因此，测定在一定条件下培养的微生物的生长曲线，可了解其生长规律，对科研和生产都具有重要的指导意义。

测定细菌生长曲线的方法主要采用平板计数法和比浊计数法，本实验采用比浊计数法测定大肠杆菌的相对生长量。细菌悬液细胞数与混浊度成正比，与透光度成反比，因此利用分光光度计测定细菌悬液的光密度（OD值），以此推知菌液的浓度，用于表示该菌在本实验条件下的相对生长量。

比浊计数法的优点是简便、迅速，可连续测定。但由于光密度除了受菌体浓度的影响外，还受细胞大小、形态、培养液成分以及所采用光波波长等因素的影响。因此，对于不同微生物的菌悬液进行比浊计数时，应采用相同的菌株和培养条件制作标准曲线。光波通常选择在400~700 nm，具体数值需要经过最大吸收波长以及稳定性试验来确定。另外，对于颜色太深的样品或样品中还含有其他干扰性物质的菌悬液不适合用此法进行测定。

三、实验用品

1. 菌种：培养18~20 h的大肠杆菌培养液。

2. 培养基：牛肉膏蛋白胨液体培养基。

3. 其他用品：分光光度计、玻璃比色皿、恒温培养箱、酒精灯、试管、试管架、记号笔、微量移液器及配套灭菌吸头等。

比色皿要洁净，无刮痕。

四、实验步骤

1. 编号

取11支无菌玻璃试管，用记号笔标记培养时间，即0 h、1.5 h、3 h、4 h、6 h、8 h、10 h、12 h、14 h、16 h和18 h。

2. 接种

取5 mL经过夜培养的大肠杆菌培养液加入盛有100 mL牛肉膏蛋白胨培养基的三角锥瓶中，混匀后分别吸取5 mL加入11支试管中。

3. 培养

将接种后的试管置于恒温摇床上，在37 ℃条件下振荡培养，振荡频率为每分钟250次左右（温度和频率可按需调节）。按照相应的时间依次取出试管，立即放入4 ℃冰箱中，待培养结束后一起比浊测定。

一定要用空白对照管的培养液随时校正分光光度计的零点。

测定光密度值前务必将样品液充分摇匀，使菌体分布均匀。

4. 比浊

用未接种的牛肉膏蛋白胨液体培养基作空白对照，使用分光光度计在波长为600 nm处进行比浊测定。从最稀浓度的菌悬液开始依次测定。高浓度菌悬液用牛肉膏蛋白胨培养液适当稀释后再测定，使OD_{600}值控制在0.1~0.65之间，经稀释后测得的OD_{600}值要乘以稀释倍数。

五、实验结果

1. 将测定的OD_{600}值填入下表。

表6-4　OD_{600}值测定结果记录表

培养时间/h	0	1.5	3	4	6	8	10	12	14	16	18
OD值											

2. 以菌悬液光密度值为纵坐标，培养时间为横坐标，绘制大肠杆菌的生长曲线，并标出生长曲线中各个时期的位置及名称。

六、思考题

1. 为什么可用比浊计数法来表示细菌的相对生长状况？它有何优缺点？

2. 用比浊计数法测定OD值时应如何选择其波长？为什么要用未接种的液体培养基作空白对照？

3. 绘制细菌生长曲线有何意义？

实验七

细菌的涂片及染色技术

细菌的涂片和染色是微生物实验中的一项基本技术。细菌细胞小且较透明，如不加染色在光学显微镜下难以将其与背景区分，因此，一般需要用染色剂对细菌进行染色后再观察。细菌种类较多，不同的细菌细胞形态与结构不一致，对各类染色剂的结合能力也不同，研究者须根据镜检细菌细胞的结构特点和观察目标，选择适宜的染色技术。常用的细菌染色法有简单染色法、革兰氏染色法、芽孢染色法、鞭毛染色法、荚膜染色法等。

细菌涂片的制作

一、实验目的

掌握细菌的涂片技术。

二、实验原理

不同类型的微生物，其形态结构不同，玻片标本的制作方法也不相同。单细胞微生物的制片方法主要有涂片法和滴片法，多细胞丝状微生物的制片方法主要有插片法、搭片法和载玻片培养法。细菌属于单细胞微生物，在固体培养基上培养的细菌，其制片通常采用涂片法。涂片法通过涂抹使细胞在载玻片上呈现均匀的单层分布，以免菌体堆积而无法观察个体形态；再经过干燥和适度加热，以便杀死菌体，使细胞质凝固，固定细胞的形态，并使之较牢固地固定在载体玻片上。该法的特点是无须盖上盖玻片，便于随后的染色和水洗等操作。

三、实验材料

1. 菌种：金黄色葡萄球菌（*Staphylococcus aureus*）、大肠杆菌（*Escherichia coli*）等。
2. 其他用品：酒精灯、载玻片、接种环、吸水纸、镊子等。

四、实验步骤

注意无菌操作，尤其是接触到病原菌时，需防止细菌污染环境，并注意操作者个人的安全防护。

1. 玻片准备

载玻片应清晰透明，洁净而无油渍，滴上水后，能均匀展开，附着性好。如有残余油渍，可滴95%乙醇2~3滴，用洁净纱布擦净，然后在酒精灯火焰上过火几次。也可提前将玻片浸泡在95%乙醇中备用。

所用的玻片应注意是否有油渍。若有，应及时处理，否则玻片上的细菌抹片不能很好地均匀展开，将影响细菌的观察。

2. 涂片

针对所用材料不同，涂片方法也不同。

（1）非液体材料。

取1块干净的载玻片，在载玻片中央滴1小滴生理盐水或无菌水。用灭菌的接种环（在酒精灯火焰上焚烧后冷却）挑取适量待检菌物，将菌体与水滴充分混匀，涂成一层均匀的薄膜，面积约1 cm^2。

滴加的生理盐水或无菌水不宜过多，否则难以干燥；取菌量也不宜太多，否则涂菌过厚，不易染色，不便观察。

（2）液体材料。

如液体培养物等，可直接用灭菌的接种环取一环培养物，在载玻片的中央均匀地涂布成适当大小的薄层。

（3）组织脏器材料。

可先用镊子夹持材料中部，然后以无菌剪刀剪取一小块，夹出后将其新鲜切面在玻片上压印或涂抹成一薄层。

3. 干燥

置涂片于室温下自然干燥，必要时，可将标本面向上，手持载玻片一端的两侧，在火焰高处烘干，切勿靠近火焰或加热时间过长，以免标本干焦、菌体变形。

温度不宜过高（不超过50 ℃）、加热时间不宜过久，以免载玻片破裂、材料烤焦。

4. 固定

手持载玻片的一端（涂有标本的远端），标本片有菌的一面向上，在酒精灯火焰外层尽快地来回通过3~4次，并不时以载玻片背面触及皮肤，以不烫手为度，放置待冷却。固定的目的：①杀死涂片中的微生物；②使菌体蛋白质凝固附着在载玻片上，以防染色过程中被水洗掉；③改变细菌对染料的通透性，使其易于着色或更好地着色。

五、思考题

1. 进行细菌涂片时，取菌是不是需要看见接种环上有明显的一粒或一环？如取菌过多，显微镜下看到的是什么情况？

2. 涂片为什么要固定？固定时应注意什么问题？如果温度过高、时间过长，结果会怎样？应如何掌握？

3. 你在涂片过程中曾遇到什么问题？试分析其中的原因。

染色——简单染色

一、实验目的

掌握细菌简单染色的方法，并能利用简单染色观察细菌的菌体形态特征。

二、实验原理

染色是微生物学实验的基本技术。微生物染色的基本原理是借助物理因素和化学因素的作用进行的。物理因素如细胞及细胞物质对染料的毛细现象、渗透、吸附作用等。化学因素则是根据细胞物质和染料的不同性质而发生各种化学反应。用于染色的染料是一类苯环上带有显色基团和助色基团的有机化合物，显色基团赋予染料颜色特征，而助色基团使染料能够形成盐。按助色基团电离后所带电荷的性质，染料可分为碱性染料、中性染料、酸性染料和单纯染料4类。在中性、碱性或弱酸性溶液中，细菌因等电点较低（pH在2~5），菌体蛋白质电离后带负电，而碱性染料电离时染料粒子带正电。因此，带负电的细菌常和带正电的碱性染料进行结合。在微生物实验中常用碱性染料进行染色。常用的碱性染料有亚甲蓝、结晶紫、碱性复红、番红（沙黄）、孔雀绿和甲基紫等。

细菌的染色方法可分为简单染色法和复合染色法。简单染色法又称为一般染色法，是利用单一染料对菌体进行染色，操作简便，适用于对菌体一般形态的观察，不能辨别其特殊结构。复合染色法是用两种或两种以上的染液染色，可鉴别细菌的结构，故也被称为鉴别染色法或特殊染色法。

三、实验用品

1. 菌种：金黄色葡萄球菌（*Staphylococcus aureus*）、大肠杆菌（*Escherichia coli*）等。

2. 染色液和试剂：吕氏碱性美蓝染液、石炭酸复红染液、草酸铵结晶紫染液、香柏油、二甲苯。

3.其他用品:普通光学显微镜、酒精灯、载玻片、染色缸(配载玻片架)、吸水纸、镊子、洗瓶、擦镜纸等。

四、实验步骤

染色必须在样本完全干燥后进行,否则样品不能固定在玻片上,容易被随后的水洗所冲起而脱落。

染色过程中不可使染色液干涸。(下同)

1. 染色

将固定的细菌涂片平放于载玻片架上,滴加染液于涂片上(以染液刚好覆盖涂片薄膜为宜)。染色时间依不同染色液而定。吕氏碱性美蓝染液染色2~3 min,石炭酸复红染液和草酸铵结晶紫染液染色1~2 min。

2. 水洗

将细菌涂片上的染液倒入废液缸中;手持细菌染色涂片,置于废液缸上方,用自来水自玻片上端缓慢冲洗,直至流下的水无色为止。注意冲洗水流不宜过急、过大,以免涂片薄膜脱落。

3. 干燥

将标本先用吸水纸轻轻吸去多余水分,再晾干或用电吹风机吹干,也可微微加热干燥。

涂片必须完全干燥后才能用油镜观察。(下同)

4. 镜检

按实验一中普通光学显微镜的操作步骤进行观察。

五、实验结果

绘出所观察到的经简单染色的菌体形态,并注明放大倍数,或用显微摄影记录下来。

染色——革兰氏染色法

一、实验目的

掌握细菌革兰氏染色的原理和操作步骤,并能对染色结果做出正确判断。

二、实验原理

革兰氏染色法是细菌学中最重要的鉴别染色法。革兰氏染色法的基本步骤是：先用初染剂结晶紫进行染色，再用媒染剂（碘液，能与结晶紫结合形成相对分子量较大的复合物，使染料较易保留在细胞内）媒染，然后用脱色剂（酒精或丙酮）脱色，最后用复染剂（如沙黄）复染。经此方法染色后，细菌保留初染剂蓝紫色的为革兰氏阳性菌（G^+）；如果细菌的初染剂被洗脱掉而使细菌染上复染剂的颜色（红色），则该菌属于革兰氏阴性菌（G^-）。

细菌对于革兰氏染色的不同反应，主要是由于它们的细胞壁成分和结构不同：G^+菌的细胞壁中肽聚糖层厚且交联度高，类脂质含量少，经脱色剂处理后因脱水作用引起肽聚糖层的孔径缩小，通透性降低，结晶紫碘复合物被保留在细胞中不易脱色，因此呈蓝紫色；G^-菌的细胞壁中肽聚糖层薄，且交联度低，脂类物质多，乙醇处理时脂类物质溶解，细胞壁的通透性增加，初染的结晶紫碘复合物易被乙醇抽出而脱色，后经番红复染呈现红色。

三、实验用品

1. 菌种：金黄色葡萄球菌或枯草芽孢杆菌等、大肠杆菌。

2. 染色液和试剂：草酸铵结晶紫、鲁戈碘液、番红、95%酒精、香柏油、二甲苯等。

3. 其他用品：普通光学显微镜、酒精灯、载玻片、染色缸（配载玻片架）、吸水纸、镊子、洗瓶、擦镜纸等。

革兰氏染色法要选用适龄的培养物，一般以培养10~16 h为宜。菌龄过长，会因菌体死亡或自溶而使革兰氏阳性菌转呈阴性反应。

四、实验步骤

1. 涂片

在洁净的载玻片偏左和偏右各滴1小滴水，用灭菌的接种环挑取少许大肠杆菌与左边的水滴混匀，再以相同的操作挑取少许金黄色葡萄球菌与右边的水滴混匀，然后将左、右两滴菌液延伸至玻片中央，使两种菌在玻片中央区域混合，形成含有两种菌的混合区。

2. 干燥、固定

同“细菌涂片的制作”。

3. 初染

在已干燥、固定好的涂片上，滴加草酸铵结晶紫染液，以覆盖菌膜为宜，染色1~2 min后，水洗至无色，水洗后将残留在玻片上的大水滴甩掉。

4. 媒染

滴加鲁戈碘液覆盖菌膜部位，染色1~2 min后水洗，操作方法同上。

5. 脱色

斜持玻片于染色缸（或烧杯）上方，并在玻片背面衬一白纸，于菌膜前方滴加95%乙醇溶液冲洗涂片，并轻轻摇动玻片，使脱色均匀，滴至流出的乙醇刚刚不出现紫色时停止（20~60 s），立即用水洗净乙醇。这一步是染色成败的关键，必须严格掌握乙醇脱色的程度。脱色过度，阳性菌会被误染为阴性菌；脱色不够，阴性菌也可被误染为阳性菌。

革兰氏染色成败的关键是乙醇脱色。脱色时间的长短还受涂片厚薄及乙醇用量多少等因素的影响，难以严格规定。要确证一个未知菌的革兰氏染色反应，应同时另做一张已知的革兰氏阳性菌和阴性菌的混合涂片作为对照。

6. 复染

加番红液，染色2 min，水洗。

7. 干燥

先用吸水纸轻轻吸干，再晾干或用电吹风吹干。

8. 镜检

用油镜观察：革兰氏阴性菌呈红色，革兰氏阳性菌呈紫红色。以分散开的单个细菌革兰氏染色反应为准，过于密集的细菌常由于脱色不完全而呈假阳性。

五、实验结果

将观察到的革兰氏染色结果记录于下表中。

表7-1 革兰氏染色结果

菌名	菌体颜色	菌体形态（图示）	G^+或G^-
大肠杆菌			
金黄色葡萄球菌			

六、思考题

革兰氏染色时通常会出现假阳性和假阴性，简要说明它们的消除措施。

染色——特殊染色法

芽孢、荚膜和鞭毛都是细菌的特殊结构。芽孢是某些细菌生长到一定阶段在菌体内形成的一个圆形或椭圆形的休眠体，它对不良环境具有很强的抗性。芽孢的形状、大小及其在菌体内的位置都是鉴定细菌的重要依据。此外，在生产上或实验室中都以能否杀灭芽孢作为评定灭菌效果的指标。荚膜是包裹在细胞壁外的一层疏松、胶黏状的物质，其成分通常是多糖，少数细菌的荚膜是由多肽或其他复合物组成。荚膜的有无是鉴别细菌的重要特征之一，有荚膜的病原菌一般致病力较强。鞭毛是细菌的重要运动"器官"。因此，对于芽孢、荚膜和鞭毛的观察具有重要的理论和实际意义。

一、实验目的

1. 学习细菌的芽孢、荚膜和鞭毛的染色方法，并掌握这些结构的形态特征。
2. 巩固显微镜操作技术、无菌操作技术。

二、实验原理

1. 芽孢染色法

某些细菌如芽孢杆菌属和梭菌属细菌内产生芽孢(也称为内生孢子)，该芽孢具有厚而致密的壁，透性低，着色、脱色都比营养细胞困难。在使用革兰氏染色法涂片染色时，革兰氏阳性菌的芽孢呈现无色。虽然芽孢在革兰氏染色片中可以看到，但不易清晰观察。所以，利用细菌的芽孢和菌体对染料亲和力的不同，用不同的染料进行着色，使芽孢和菌体呈不同的颜色从而进行区分。通常采用复染色法观察芽孢。首先，用弱碱性染料(如孔雀绿或碱性品红)在加热条件下染色，使菌体和芽孢均着色；接着，水洗脱色，菌体中的染料被洗脱，而芽孢内的染料依然保留；最后，用对比度较大的复染液(如沙黄、番红等)处理，使菌体和芽孢呈现不同的颜色。

2. 鞭毛染色法

细菌的鞭毛非常纤细，直径通常为10~20 nm，超出了光学显微镜的观察极限，只能用电子显微镜观察。若要用普通光学显微镜观察细菌的鞭毛，必须用特殊的鞭毛染色法对鞭毛进行处理。其原理是在染色前先用媒染剂(一种不稳定的胶体溶液)对鞭毛进行处理，使染剂吸附或沉积在鞭毛上，使其直径加粗，之后再进行染色，从而能在光学显微镜下观察到鞭毛。

3. 荚膜染色法

荚膜与染料的亲和力弱，不易着色，且染料可溶于水，水洗时易被除去；荚膜的通透性很高，染料可以透过荚膜使菌体着色。因此，荚膜观察常用负染色法染色，即使菌体和背景着色，荚膜不着色，在菌体周围呈一透明圈。荚膜很薄，含水量高（90%以上），故染色时不能加热干燥固定，以免荚膜皱缩变形。

三、实验用品

1. 芽孢染色法

芽孢染色法必须选用合适菌龄的菌种。芽孢染色以成熟期的细菌为宜，幼龄菌尚未形成芽孢，老龄菌的芽孢囊已破裂。

（1）菌种：枯草芽孢杆菌、大肠杆菌。

（2）染色液和试剂：5%孔雀绿染液、0.5%沙黄染色液、香柏油、二甲苯。

（3）其他用品：普通光学显微镜、酒精灯、载玻片、染色缸（配载玻片架）、吸水纸、镊子、洗瓶、擦镜纸等。

2. 鞭毛染色法

鞭毛染色法应选用对数生长期的菌种作为材料，老龄菌体鞭毛易脱落。

（1）菌种：荧光假单胞菌（*Pseudomonas fluorescens*）或普通变形杆菌（*Proteus vulgaris*）。

（2）染色液和试剂：硝酸银染色液、95%乙醇、香柏油、二甲苯。

（3）其他用品：普通光学显微镜、酒精灯、载玻片、染色缸（配载玻片架）、吸水纸、镊子、洗瓶、擦镜纸、洗洁精等。

3. 荚膜染色法

（1）菌种：胶质芽孢杆菌（*Bacillus mucilaginosus*）。

（2）染色液和试剂：结晶紫染色液、墨汁、20%硫酸铜、6%葡萄糖水溶液、无水甲醇、香柏油、二甲苯。

（3）其他用品：普通光学显微镜、酒精灯、载玻片、染色缸（配载玻片架）、吸水纸、镊子、洗瓶、擦镜纸等。

四、实验步骤

1. 芽孢染色法

(1)制备菌液。

加无菌水2~3滴于1.5 mL离心管中,用接种环从平板或斜面上挑取较多的菌苔于试管中,充分混匀,制成较浓稠的菌液。

(2)初染。

加5%孔雀绿染液(0.3~0.4 mL)于离心管中,充分混匀,在沸水浴中加热15~20 min。

(3)涂片。

从离心管中挑菌液于干净的载玻片上,涂成薄膜,烘干。

(4)固定。

通过微火3次。

(5)脱色。

水洗至孔雀绿不再褪色为止,用吸水纸吸干。

(6)复染。

加0.5%沙黄染液复染1~2 min,倾去染液,水洗,用吸水纸吸干。

(7)干燥。

室温下自然干燥或烘干。

(8)镜检。

用油镜观察:芽孢呈绿色,菌体呈红色。

2. 鞭毛染色法

(1)菌种和菌液的制备。

用于染色的菌种(荧光假单胞菌或普通变形杆菌)预先在营养琼脂培养基(琼脂用量0.8%)上连续转接培养4~5代,每代培养18~22 h。将分装于试管中的无菌水缓慢地倒入经4~5代转代培养的斜面培养物中,不要摇动斜面试管,让菌体在水中自行扩散。置于恒温培养箱中保温10 min,目的是让没有鞭毛的老菌体下沉,而具有鞭毛的菌体在水中松开鞭毛。

注意无菌水应预先在恒温培养箱中保温,使之与菌种同温。

(2)制片。

用吸管从菌液上端吸取菌液于洁净的载玻片一端,稍稍倾斜玻片,使菌液缓慢地流向另一端,让鞭毛舒展,用吸水纸吸去载玻片下端多余的菌液。

细菌鞭毛极细,制片要温和,不能剧烈振荡;涂抹菌液后,不能用加热法固定,否则鞭毛易脱落。

染色操作要温和。

(3)干燥。

室温(或37 ℃温箱)下自然干燥。

(4)染色。

滴加硝酸银染色液A液覆盖菌膜,染色4~6 min,用蒸馏水轻轻地充分洗净A液。吸干后,加B液染色1 min,当涂面出现明显褐色时立即用蒸馏水冲洗。若加B液后,显色比较慢,可用微火加热,直至显褐色时立即水洗。自然干燥。

(5)镜检。

用油镜观察:菌体呈深褐色;鞭毛呈褐色,通常呈波浪形。

3. 荚膜染色

(1)制片。

负染色法时,墨水用量宜少,以免覆盖菌体与荚膜,影响观察。

在载玻片一端加1滴6%葡萄糖水溶液,挑选斜面上培养72 h左右的胶质芽孢杆菌与其混合,加1滴墨汁充分混匀。另取一块载玻片作推片,将推片一边与菌液以30°角接触后顺势将菌液拉向前方,使其涂成一薄膜(图7-1),自然干燥。

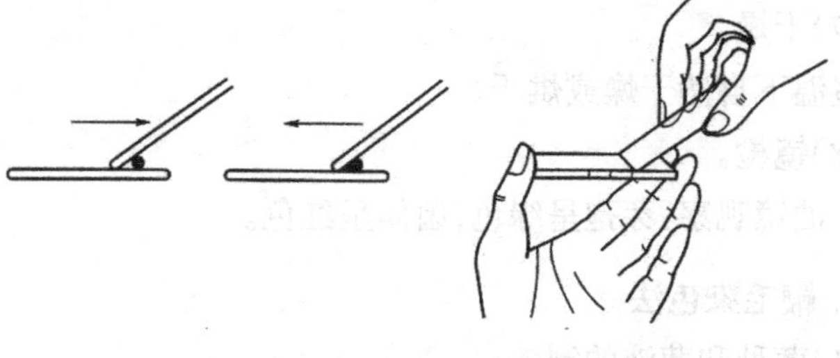

图7-1 推片法示意图

A.推片倾斜角度和推动方向;B.手持载玻片姿势

固定、干燥均不能加热,以免破坏荚膜形态。

(2)固定、干燥。

滴加1~2滴无水甲醇覆盖涂片,固定1 min,立即倾去甲醇,自然干燥。

(3)染色。

在已晾干的涂片上滴加1%结晶紫染色液染色2 min。

(4)脱色。

用20%硫酸铜溶液冲洗数次。

(5)水洗。

用自来水冲洗1次,用吸水纸吸干或自然干燥。

(6) 镜检。

用低倍镜或高倍镜观察(最好用相差显微镜观察):背景灰色,菌体紫色,荚膜呈一清晰透明圈。

五、实验结果

1. 绘图表示菌体与芽孢的形状、大小、染色状况及芽孢的着生位置。

2. 将显微镜下观察到的鞭毛菌的菌体形态、鞭毛着色方式和数量以生物绘图的方式描绘出来或用显微摄像记录下来。

3. 将显微镜下观察到的菌体和荚膜的形态特征及染色情况以生物绘图的方式表示出来或用显微摄像记录下来。

六、思考题

1. 芽孢染色的原理是什么?用一般染色法是否可以观察到芽孢?

2. 芽孢染色为什么要加热并延长染色时间?

3. 在鞭毛染色前通常必须将菌种连续传代几代,其目的是什么?

4. 为什么荚膜染色一般不用热固定,而必须用纯甲醇固定?

实验八

细菌鉴定中常规生理生化实验

不同种类的细菌，由于其细胞内新陈代谢的酶系不同，因而能利用的底物(如糖、醇以及各种含氮物质等)不同，其生理代谢类型和代谢产物等也不同。因此，即使在分子生物学技术和手段不断发展的今天，细菌在生理生化上的不同反应仍可作为细菌分类鉴定的重要依据之一。本实验着重介绍一些基本生理生化实验如微生物对大分子物质的水解试验、糖发酵试验和鉴定肠道细菌常用的生理生化反应试验等。

淀粉水解试验

一、实验目的

1. 掌握淀粉水解试验的原理及操作方法。
2. 了解淀粉水解试验在细菌鉴定及诊断中的重要意义。

二、实验原理

某些细菌能产生淀粉酶(即胞外淀粉酶)将淀粉水解为麦芽糖、葡萄糖和糊精等小分子化合物，再被细菌吸收利用。淀粉遇碘液会变成蓝紫色，且随着降解产物分子量的下降，颜色会变为棕红色直至无色。因此，淀粉平板上的菌落或菌苔周围若出现无色透明圈，则表明该细菌产生淀粉酶。

三、实验用品

1. 菌种：枯草芽孢杆菌、大肠杆菌等。
2. 培养基：淀粉培养基。
3. 其他用品：恒温培养箱、高压锅、搪瓷缸、接种环、玻棒、碘液等。

四、实验步骤

1. 接种培养。

将待检菌划线（“+”字线或“之”字曲线）接种于淀粉培养基平板上，置于37 ℃条件下恒温培养24 h。

接种前必须仔细核对菌名和培养基。（下同）

2. 观察结果。

滴少量碘液于平板上，轻轻旋转，使碘液均匀铺满平板，观察颜色变化。若菌落或菌苔周围出现无色透明圈则说明淀粉已被水解，为阳性。透明圈的大小可说明该菌水解淀粉能力的强弱，即产生胞外淀粉酶活力的高低。

糖发酵试验

一、实验目的

1. 掌握糖发酵试验的原理及操作方法。

2. 了解糖发酵试验在细菌鉴定及诊断中的重要意义。

二、实验原理

不同细菌对不同的糖、醇分解能力不同，有些细菌分解某些糖产酸（如乳酸、乙酸、丙酸等）并产气（如氢、甲烷、二氧化碳等），有些分解糖仅产酸而不产气，因此可以将其分解利用糖能力的差异作为细菌分类鉴定的依据之一。

在糖发酵培养基中加入溴甲酚紫指示剂作为酸碱指示剂。其pH指示范围为5.2（黄色）~6.8（紫色），它在碱性环境中呈紫色，在酸性环境中呈黄色。若细菌分解糖产酸，则培养基由紫色变成黄色。有无气体的产生可根据培养液中倒置的杜氏小管中有无气泡来判断。

三、实验用品

1. 菌种：普通变形杆菌（*Proteus voulgaris*）、大肠杆菌、产气肠杆菌（*Enterobacter aerogenes*）等。

装有杜氏小管的糖发酵培养基在灭菌时要特别注意排尽灭菌锅内的冷空气，灭菌后要等锅内压力降到0时再打开排气阀，否则杜氏小管内会留有气泡，影响实验结果的判断。

2.培养基：糖发酵培养基（葡萄糖、乳糖、麦芽糖、蔗糖、甘露糖）。

3.其他用品：超净工作台、恒温培养箱、接种环或接种针、试管、杜氏小管、酒精灯等。

四、实验步骤

1.编号。

用记号笔标记各试管发酵培养基（内装排尽空气的杜氏小管）名称及所接菌种名称。

2.接种培养。

将菌种接种于液体糖发酵培养基（或半固体糖发酵培养基），另取1支不接种作为空白对照。置于37 ℃条件下培养24~48 h。

3.观察结果。

与空白对照管比较，如培养基保持原有颜色，则表明该菌不能利用某种糖，用“-”表示；如培养基变为黄色，则表明该菌能分解某种糖产酸，用“+”表示；如培养基变为黄色且杜氏小管内有气泡（或半固体琼脂柱内有气泡），表明该菌能分解某种糖产酸、产气，用“⊕”表示。

IMViC

IMViC是由吲哚试验（I）、甲基红试验（M）、乙酰甲基甲醇试验（V）和柠檬酸盐利用试验（C）组成的一个系统，主要用于鉴别肠杆菌科各个菌属，尤其用于快速鉴别大肠杆菌和产气肠杆菌，多用于水的细菌学检查。

一、实验目的

1.掌握IMViC的原理及操作方法。

2.了解IMViC在细菌鉴定及诊断中的重要意义。

二、实验原理

1. 吲哚试验(Indol Test)

有些细菌能产生色氨酸酶,分解蛋白胨中的色氨酸产生吲哚和丙酮酸。吲哚与对二甲基氨基苯甲醛结合,形成红色的玫瑰吲哚。

2. 甲基红试验(Methyl Red 试验,简称M. R试验)

某些细菌(如大肠杆菌、志贺菌、产气肠杆菌等)在糖代谢过程中分解葡萄糖产生丙酮酸,丙酮酸再进一步被分解为甲酸、乙酸、乳酸和琥珀酸等多种有机酸,使培养基中的pH降至4.5以下,加入甲基红指示剂[pH指示范围为4.2(红)~6.3(黄)],培养液呈红色,即为阳性反应。如果细菌分解葡萄糖产酸量少,或产生的酸进一步转化为其他物质(如醇、醛、酮、气体和水等),培养基pH在5.4以上,加入甲基红指示剂呈橘黄色,即为阴性反应。

3. 乙酰甲基甲醇试验(Voges-Prokauer试验,简称V. P试验)

某些细菌(如产气肠杆菌)在糖代谢过程中,能利用葡萄糖产生丙酮酸,丙酮酸在羧化酶的催化下脱羧形成活性乙醛,后者再与丙酮酸缩合、脱羧形成中性的乙酰甲基甲醇,或者与乙醛化合生成乙酰甲基甲醇。乙酰甲基甲醇在碱性条件下能被空气中的氧气氧化为二乙酰,二乙酰与培养基蛋白胨中的精氨酸等所含有的胍基结合,形成红色化合物,即为V.P试验阳性。无红色化合物则为阴性反应。如果培养基中的胍基太少,可加入少量肌酸或肌酸酐等含有胍基的化合物,使反应更为明显。

4. 柠檬酸盐利用试验(Citrate Test)

柠檬酸盐培养基是合成培养基,不含蛋白胨和糖类,柠檬酸盐为唯一碳源。有些细菌(如产气肠杆菌)能利用柠檬酸盐作为碳源,而有些细菌(如大肠杆菌)则不能。细菌利用柠檬酸钠盐产生碳酸盐,使培养基pH由中性变为碱性,培养基中的指示剂由浅绿色变为蓝色(溴麝香草酚蓝指示剂:pH$<$6.0时呈黄色,pH 6.0~7.6时呈绿色,pH$>$7.6时呈蓝色)。

三、实验用品

1.菌种:大肠杆菌、产气肠杆菌、普通变形杆菌等。

2.培养基:蛋白胨水培养基、葡萄糖蛋白胨液体培养基、柠檬酸盐培养基。

3.试剂:乙醚、吲哚试剂、甲基红试剂、VP试剂甲液和乙液等。

4.其他用品:恒温培养箱、接种环、接种针、试管、酒精灯等。

四、实验步骤

配制蛋白胨水培养基时，宜选用色氨酸含量高的胰蛋白胨，否则将影响产吲哚的阳性率。

此时不可振荡试管，以免破坏乙醚层。

甲基红指示剂不可加太多，以免出现假阳性反应。

1. 吲哚试验

(1)接种培养。

用接种环将待检菌纯培养物接种于蛋白胨水培养基中，37 ℃条件下培养24~48 h。注明所接菌种名称并设立空白对照(不接种)。

(2)观察结果。

取出培养物，然后在培养液中加入0.5~1.0 mL(约10滴)乙醚，充分振荡使吲哚萃取至乙醚中，静置后乙醚浮于液面，沿管壁缓慢加3滴吲哚试剂。如有吲哚存在则乙醚层呈玫瑰红色，即为阳性反应，以“+”表示；若不变色(黄色)，即为阴性，则用“-”表示。

2. M.R试验/V.P试验

(1)接种培养。

用接种环将待检菌接种于葡萄糖蛋白胨液体培养基中，37 ℃条件下培养24~48 h。注明所接菌种名称并设立空白对照(不接种)。

(2)观察结果。

①M.R试验。取出后在培养液中加入甲基红试剂3~5滴，混匀后进行观察。若培养液变成红色，即为M.R试验阳性，用“+”表示。若变为黄色，则为阴性，用“-”表示。

② V.P试验。取出后在培养液中先加入VP试剂甲液(或40% KOH)10滴，再加入等量的乙液(或5%α-萘酚)，用力振荡充分混匀，再放入37 ℃恒温培养箱保温15~30 min(或在沸水浴中加热1~2 min)。如培养液出现红色，即为V.P阳性反应，用“+”表示；如不变色，则为阴性，用“-”表示。

3. 柠檬酸盐利用试验

(1)接种培养。

以无菌操作技术接种待检菌至柠檬酸盐培养基中，注明所接菌种名称并设立空白对照(不接种)，然后置于37 ℃条件下培养24~48 h。

(2)观察结果。

如果培养基变为蓝色，则表明该菌能利用柠檬酸盐作为碳源而生长，即为阳性反应，用“+”表示；如果培养基仍为绿色，则为阴性反应，用“-”表示。

产H_2S试验

一、实验目的

1. 掌握产H_2S试验的原理及操作方法。

2. 了解产H_2S试验在细菌鉴定及诊断中的重要意义。

二、实验原理

某些细菌能分解含硫氨基酸(胱氨酸、半胱氨酸和甲硫氨酸),产生H_2S。H_2S遇重金属盐类,如铅盐、铁盐等便生成黑色硫化铅或硫化铁沉淀。

三、实验用品

1. 菌种:大肠杆菌、产气肠杆菌、普通变形杆菌等。

2. 培养基:柠檬酸铁铵培养基。

3. 其他用品:恒温培养箱、高压锅、接种针、试管、玻棒、pH试纸等。

四、实验步骤

1. 接种培养

采用穿刺接种法接种待检细菌纯培养物于柠檬酸铁铵培养基,在37 ℃条件下培养24~48 h。

2. 观察结果

如果穿刺线上及试管基部有黑色沉淀物出现,则表明有H_2S产生,即为阳性反应,用"+"表示;如无黑色出现,则表明不产生H_2S,即为阴性反应,用"-"表示。

该试验也可以在液体培养基中接种细菌,在试管塞下吊一块浸有乙酸铅的滤纸条,经培养后观察乙酸铅滤纸条是否变黑。

乙酸铅滤纸条制法:将普通滤纸条蘸浸1%乙酸铅溶液,高温灭菌后于105 ℃条件下烘干。

脲酶试验

一、实验目的

1.掌握脲酶试验的原理及操作方法。

2.了解脲酶试验在细菌鉴定及诊断中的重要意义。

二、实验原理

某些细菌能产生脲酶，脲酶可分解尿素产生氨，使培养基pH升高，指示剂酚红呈现红色。该试验主要用于肠道杆菌科中变形杆菌属的鉴定。

三、实验用品

1.菌种：大肠杆菌、产气肠杆菌、普通变形杆菌等。

2.培养基：尿素琼脂斜面培养基。

3.其他用品：恒温培养箱、高压锅、接种针、试管、玻棒等。

四、实验步骤

1. 接种培养

用接种针将待检菌培养物接种于尿素琼脂斜面，不要穿刺到底部，下部留作对照。于37 ℃条件下培养24~48 h。

2. 观察结果

如培养基变为深红色，即为阳性，用"+"表示；如不变色(粉红色)，则为阴性，用"-"表示。

硝酸盐还原试验

一、实验目的

1.掌握硝酸盐还原试验的原理及操作方法。

2.了解硝酸盐还原试验在细菌鉴定及诊断中的重要意义。

二、实验原理

有些细菌能把硝酸盐还原为亚硝酸盐，而亚硝酸盐能和对氨基苯磺酸作用生成对重氮基苯磺酸，对重氮基苯磺酸与α-萘胺作用能生成红色的重氮染料对磺胺苯偶氮-α-萘胺。

三、实验用品

1.菌种：大肠杆菌、产气肠杆菌、普通变形杆菌等。

2.培养基：硝酸盐蛋白胨水。

3.试剂：硝酸钾试剂（甲液和乙液）。

4.其他用品：恒温培养箱、高压锅、接种针、试管、玻棒等。

四、实验步骤

1. 接种培养

用接种针将待检菌培养物接种于硝酸盐培养基中，于37 ℃条件下培养24~48 h。

2. 观察结果

在培养液中加入硝酸钾试剂甲、乙液各3~5滴。如培养基变红，则为阳性，用“+”表示；如不变色（淡黄色），则为阴性，用“-”表示。

五、实验结果

1.描述试验菌的各种生化反应现象。

2.将各试验测定结果记录在下表中。

表8-1 几种细菌的生化试验结果

试验项目	淀粉水解试验	糖发酵试验					IMViC试验				产H_2S试验	脲酶试验	硝酸盐还原试验
		葡萄糖	乳糖	麦芽糖	蔗糖	甘露糖	吲哚试验	M.R试验	V.P试验	柠檬酸盐利用试验			
大肠杆菌													
产气肠杆菌													
普通变形杆菌													
空白对照													

六、思考题

1. 细菌生理生化反应试验中为什么要设空白对照？

2. 根据淀粉水解试验如何证明淀粉酶是胞外酶而非胞内酶？不用碘液如何证明淀粉被水解？

3. M.R试验和V.P试验最初作用物及终产物有何异同？终产物为何不同？

4. 试结合本实验学到的知识设计一个方案鉴别一株肠道细菌。

实验九
利用16S rRNA基因序列鉴定细菌

C.R.Woese通过小亚基核糖体RNA(16S/18S rRNA)的分析所构建的系统发育树建立了三域学说,为微生物的系统进化分类奠定了重要的基础。而且,PCR扩增技术和测序技术的发展加快了人们对纯培养原核微生物16S rRNA基因序列的获得。20世纪80年代开始,《伯杰氏鉴定细菌学手册》中原核生物分类已从以表型和实用性鉴定指标为主的鉴定细菌学体系逐渐向鉴定遗传型的系统进化分类新体系转变。一般来讲,如果所测菌株的16S rRNA基因序列与已知典型菌株的相似度小于97%,则认为该菌株可能是新种;若两者相似度大于97%,则不能确定是这个种,只能被认为最接近于该种。若需要更准确的结果,就应进行DNA-DNA杂交等。

一、实验目的

1.掌握一种基本的分子生物学方法。

2.熟悉利用16S rRNA基因序列进行细菌的分类鉴定。

3.了解细菌16S rDNA序列同源性分析、细菌系统发育分析。

二、实验原理

核糖体RNA(rRNA)是与核糖体蛋白结合的RNA分子,在蛋白质的翻译中起重要作用。原核生物核糖体有23S、16S和5S三种,真核生物与之对应的是28S、18S和5.8S rRNA。自Woses选用16S rRNA(18S rRNA)基因序列作为生物进化计时器的生物系统发育已积累了大量的信息,成为微生物系统学的核心内容之一。正如Tindall等发表的被誉为原核生物系统学"圣经"的论文中所述,16S rRNA(18S rRNA)基因序列分析时应注意:①几乎完整的基因序列,高质量的DNA序列;②应用多种方式对新测定序列与数据库相关序列进行比对,特别是模式菌株的序列要放入其中;③16S rRNA(18S rRNA)基因序列与已知序列相似度低于97%,可能是新种(疑似新种),如果低于95%,可能是新属(疑似新属)。IJSEM推荐构建进化树的软件有MEGA、Phylip和Clustal等。先用邻接法(NJ),NJ进化树的可靠性通过1 000次分析得到的bootstrap值来评价,bootstrap高于70%是可信的,低于70%在进化树中删除;再用最大简约法(MP)建树,MP进化树通过对所有可能的拓扑结构进行计算,然后选出最小拓扑结构(需要替代数)作为最优的系统树;再用最大似然法(ML)建树,ML进化树通过特定的替代模型挑取最大似然率的拓扑结构作为最优系统树。每种进化树都有自身的优点和不足。在微生物的分类中这些进化树同时使用,相互补充、支持与验证。

三、实验用品

1. 菌种:枯草芽孢杆菌、大肠杆菌。

2. PCR相关试剂:①细菌16S rRNA基因的通用引物:上游27F[5'-AGAGTTTGATCCTGGCTCAG-3']、下游1492R [5'-TACGGTTACCTTGTTACGACTT-3'] 或 1540R [5'-AGAAAGGAGGTGATCCAGCC-3'],②Taq酶,③ 10×PCR缓冲液,④ 4×dNTP(2 mmol/L),⑤ 25 mmol/L $MgCl_2$,⑥ ddH_2O。

3. 电泳检测相关试剂:①琼脂糖,② 1×TAE(Tis-乙酸)缓冲液(使用时把50×TAE稀释50倍),③ 6×凝胶加样缓冲液(Loading Buffer),④ DNA Marker,⑤核酸染料(0.5mg/L EB溶液)。

4. 其他用品:离心机、PCR仪、电泳仪、电泳槽、成像系统、振荡器、微波炉、天平、微量移液器以及配套吸头、称量纸、150 mL三角瓶、100 mL量筒、制胶器、1.5 mL无菌离心管、0.2 mL无菌PCR管、冰盒、封口膜、牙签、PE手套、隔热手套等。

四、实验步骤

1. 细菌16S rRNA基因的PCR扩增

(1)细菌基因组DNA的制备。

> DNA样品不纯,抑制后续酶解和PCR反应。

首先,利用已灭菌的牙签或枪头从培养细菌的液体培养基中取1 mL菌液,或平板刮取少量菌体置于1 mL无菌水中振荡悬浮;然后,12 000 r/min离心2 min,除去上清介质;接着,将细胞沉淀悬浮于100 μL无菌水中,沸水浴12 min;最后,12 000 r/min离心2 min,取上清作为DNA模板用于PCR扩增。

(2)PCR扩增。

将PCR相关试剂从冰箱中取出后,立即置于冰上,待其溶解。按照以下体系和条件进行扩增。

①配制反应体系：在冰浴中，于0.2 mL PCR管内配制50 μL反应体系。10×PCR缓冲液5 μL，4×dNTP(2 mmol/L)4 μL，$MgCl_2$(25 mmol/L) 3 μL，上游引物(20 μmol/L)1 μL，下游引物(20 μmol/L)1 μL，Taq酶(2 U/μL)1 μL，模板DNA约200 ng，加无菌水至总体积为50 μL。各种试剂加入后，用手指轻弹反应管数次，使其充分混匀。

准备PCR反应液时应注意在冰上加Taq酶，加入该酶后应及时放进PCR仪进行扩增。

② PCR反应条件：94 ℃预变性10 min；94 ℃变性1 min，55 ℃退火1 min，72 ℃延伸1 min，33个循环；最后72 ℃延伸10 min。

③PCR扩增：将待扩增的样品管置于PCR仪的样孔内，使离心管的外壁与PCR样孔充分接触，盖好盖子；启动PCR仪，进行扩增。反应结束后，取出PCR反应管并置于4 ℃环境中，待电泳检测。若暂不检测，应将其置于−20 ℃环境中保存。

为了避免非特异性扩增，可以采取适当降低模板或引物浓度、适当提高退火温度、减少循环次数等措施。

2. PCR产物的电泳检测

(1)1%琼脂糖凝胶的制备。

①天平称取1 g琼脂糖粉末，倒入150 mL三角瓶中。

②用量筒量取100 mL 1×TAE缓冲液，倒入三角瓶，轻微混匀后，置于微波炉中，高火4~5 min使琼脂糖完全熔化。

③戴隔热手套取出三角瓶，混匀，置于室温下降温至60~70 ℃，加入核酸染料。

④准备好制胶器，放好适当的底板，将上述已冷却至60~70 ℃的胶液缓慢倒入胶盒并插上梳子。胶液厚度达到3~5 mm即可。

注意不要产生气泡。

⑤置于室温下至琼脂糖完全凝胶，轻轻拔出梳子，取出底板，抹去底板底下的碎胶。

(2)上样和电泳。

①准备电泳槽，电泳液为1×TAE缓冲液，若杂质较多，请及时更换。

②把胶(包括底板)放入电泳槽，注意其方向。

③用移液器取3 μL PCR产物，在封口膜上或PE手套上与0.5 μL左右 6×凝胶加样缓冲液混匀，小心点入胶孔中。

注意避免产生气泡。

④每块胶留一个孔，加3 μL DNA Marker。

⑤用120 V电压运行25~40 min。开始之后可以看到电泳槽的两端可产生气泡。

(3)拍照。

电泳完成后，戴PE手套取出胶块，将胶块放入成像系统拍照，确定PCR产物的扩增效率，有无杂带等。所拍照片存入自己的文件夹。关闭紫外灯，并关闭成像系统。

3. 测序

若PCR扩增结果合适，即可利用PCR纯化试剂盒进行纯化，并将其送到测序服务公司如南京金斯瑞公司进行测序(也可以把PCR产物直接送到公司，由公司纯化后测序)。送公司测序时需要提供测序引物，并提供PCR产物大小、浓度以及引物浓度等信息。

4. 测序结果的分析

如果所得到的测序结果的峰图中多个位置出现峰图重叠的现象，可能是由于此细菌含有互相之间有序列差异的多拷贝的16S rRNA基因，此时需要建克隆文库，并挑取一些克隆来分析。

从测序公司获得序列信息之后，利用DNAstar软件的seqman程序对所测序列的abi形式文件进行拼接，随后将待测菌株的16S rRNA基因序列比对到EzTaxon-e数据库，使用Clustal W软件进行多序列比对后，通过MEGA X软件进行系统进化分析，并分别用Maximum-parsimony三种算法构建系统进化树，其中Bootstrap值设置为1 000重复。

五、实验结果

1. 将PCR扩增的凝胶电泳结果扫描图打印出来，并对结果加以分析说明。

2. 对基于16S rRNA基因的序列构建的系统发育树进行系统发育关系分析。

六、思考题

1. 16S rRNA和16S rDNA有什么区别?

2. 利用16S rRNA基因序列分析方法获得的鉴定结果与菌株已知的分类结果是否一致？若不一致，如何确定其准确的分类地位？

实验十

放线菌形态的观察

放线菌(*Actinomycetes*)是原核生物中一类能形成分枝菌丝和分生孢子的特殊类群,是产生抗生素的最重要微生物种类之一,一般呈菌丝状生长,主要以孢子繁殖,因菌落呈放射状而得名。放线菌大多数有发达的菌丝体。菌丝纤细,宽度近于杆状细菌,0.2~1.2 μm,可分为:营养菌丝,又称基内菌丝或一级菌丝,主要功能是吸收营养物质,有的可产生不同的色素;气生菌丝,在营养菌丝之上向空间发展的菌丝,又称二级菌丝;孢子丝,气生菌丝发育到一定阶段,其上可以分化出形成孢子的菌丝,不同种类的放线菌其孢子丝以及孢子的形状和颜色一般不相同,故可以作为分类鉴定的依据。

一、实验目的

1. 学习并掌握放线菌培养和观察的主要方法。

2. 认识放线菌个体的基本形态特征。

二、实验原理

放线菌的营养菌丝与固体培养基结合紧密,不易挑取菌丝体进行涂片,并观察其完整的自然状态下的形态特征。人们曾设计多种方法来培养和观察它的形态特征,其中以插片法、搭片法和玻璃纸法较为常用。插片法和搭片法主要原理是:在接种过放线菌的琼脂平板上,插上盖玻片或在平板上开槽接种后再搭上盖玻片,由于放线菌的菌丝体可沿着培养基与盖玻片的交界线蔓延生长,从而较容易地黏附在盖玻片上,待培养物成熟后再轻轻地取出盖玻片,就能获得在自然状态下生长的直观标本。玻璃纸法主要原理是:将玻璃纸覆盖于平板培养基表面,其上接种放线菌培养,由于玻璃纸为半透膜,放线菌可以透过玻璃纸吸收培养基营养生长,观察时揭下玻璃纸固定于载玻片上镜检,该方法既可以观察自然状态下的菌丝体,又可以观察不同生长阶段的菌丝特征。

三、实验用品

1. 菌种:细黄链霉菌(*Streptomyces flavescens*)5406或灰色链霉菌(*Streptomyces griseus*)。

2. 培养基:高氏1号琼脂培养基。

3. 试剂：苏丹Ⅳ染液、70%酒精、无菌水、蒸馏水等。

4. 其他用品：培养皿、盖玻片、载玻片、玻璃纸、镊子、剪刀、移液器、接种工具、显微镜、恒温培养箱等。

放线菌生长速度较慢，培养周期较长，在操作中应注意无菌操作，严防杂菌污染。

四、实验步骤

1. 插片法(图10-1-a)

(1)倒平板。

熔化已灭菌的高氏1号琼脂培养基，冷却至50 ℃左右倒平板。平板稍厚有利于插盖玻片，每皿倒入约20 mL，凝固待用。

(2)接种。

用接种环以无菌操作法从斜面菌种上挑取少量放线菌孢子，在平板培养基上来回划线，接种量可适当大些。

(3)插片。

用灭菌镊子以45°角将无菌盖玻片插入培养基中，深度约为盖玻片的1/3即可。也可以先插片后接种，这样可省略镜检时先要擦去盖玻片另一面菌丝体的步骤。

(4)培养。

将插片平板倒置于28 ℃温箱中培养3~7 d。

(5)镜检。

若将培养后的盖玻片用0.1%美蓝染液染色后再做镜检，则效果更好。

用镊子小心取出盖玻片，将其背面的菌丝体轻轻擦净，先插片后接种的可省略。然后将盖玻片无菌丝体的面放在洁净的载玻片上，用低倍镜、高倍镜或油镜观察。

2. 搭片法(图10-1-b)

(1)开槽。

用无菌解剖小刀在凝固后的无菌平板培养基上开槽，槽的宽度约0.5 cm，取出槽内琼脂条。

(2)接种。

用接种环从放线菌斜面上挑取少量孢子，在槽口边缘来回划线接种。

(3)搭片。

在接种后的平板槽面上盖上无菌盖玻片数块。

(4)培养。

将平板倒置于28 ℃恒温培养箱中培养3~7 d，放线菌在沿槽边缘生长繁殖时，会自然地附着与粘贴到槽面上的盖玻片表面。

(5)镜检。

培养结束后，用镊子取下盖玻片置于载玻片上进行观察。

镜检时请特别注意放线菌的基内菌丝、气生菌丝的粗细和色泽差异。(下同)

图10-1 插片法(a)与搭片法(b)示意图

3. 玻璃纸法

(1)倒平板。

把灭菌后的高氏1号培养基倒入培养皿，每皿约15 mL，凝固后备用。

(2)放玻璃纸。

用无菌镊子将灭菌玻璃纸铺在培养基上，用涂布棒除去气泡。

铺玻璃纸时，灭菌涂布棒冷却后才可以与玻璃纸接触，取玻璃纸观察时，剪取放线菌生长最薄的地方。

(3)接种与培养。

用移液器吸取3~5 mL无菌水加入放线菌斜面试管中，制成孢子悬液，适当稀释后，取0.1 mL涂布接种于平皿玻璃纸上，28 ℃培养3~4 d后观察。

(4)镜检。

在洁净的载玻片上滴一滴蒸馏水，取出培养皿，用镊子将玻璃纸轻轻从培养基上揭下来，再用剪刀剪取一小块长有菌的玻璃纸，菌面向上放在载玻片水面上，然后于显微镜下观察。为区分营养菌丝和气生菌丝，可用苏丹Ⅳ染液染色30 min，浸泡于70%酒精数秒除去剩余染料，水洗，干燥后镜检。

五、实验结果

绘图并说明所观察放线菌的形态特点。

六、思考题

1. 制作放线菌标本为什么不能用常规涂片法？
2. 在显微镜下如何区分放线菌的基内菌丝和气生菌丝？

实验十一

真菌的形态观察和培养方法

真菌是一类能产生孢子、无叶绿体的真核生物,主要包括酵母菌、霉菌和蕈菌三种类型,一般具有发达的菌丝体。低等真菌为无隔菌丝,高等真菌是有隔菌丝。真菌菌丝体分为营养菌丝体(吸收培养基中的营养物质)、气生菌丝体(伸展到空间)和繁殖菌丝体(气生菌丝体分化成的繁殖器官)。真菌能特化出多种无性和有性的具有产孢功能的子实体,能通过无性繁殖和有性繁殖产生各种无性孢子和有性孢子。无性孢子有游动孢子、孢囊孢子、分生孢子和厚垣孢子等;有性孢子有卵孢子、接合孢子、子囊孢子和担孢子等。真菌菌丝体及特化结构与孢子是分类鉴定的重要依据。本实验主要学习和掌握酵母菌与霉菌形态的观察、培养方法。

一、实验目的

1.掌握酵母菌、霉菌水浸片的制备方法。

2.观察酵母菌、霉菌的形态特征和生殖方式。

3.掌握霉菌载片培养方法。

二、实验原理

酵母菌是单细胞真菌,菌体比细菌大,多呈圆形、卵圆形、圆柱形或柠檬形,有的酵母菌在某些环境中以菌丝或假菌丝形态存在。酵母菌在自然状态下繁殖方式主要是无性繁殖,大部分出芽生殖,少部分分裂生殖;有性繁殖是通过不同细胞接合产生子囊和子囊孢子。酵母菌可以通过美蓝染色方法加以区别。美蓝的氧化型呈蓝色,还原型为无色,活的酵母细胞代谢旺盛,细胞具有较强的还原能力,使美蓝从蓝色氧化型变为无色还原型,故酵母活细胞为无色,而死细胞和老细胞为蓝色。因此,用美蓝水浸片不仅可以观察酵母菌的形态,还可以区分死活细胞。

霉菌的菌丝比细菌和放线菌更加粗大,直径2~10 μm,与酵母菌相似。霉菌细胞容易收缩变形,且孢子也容易四处飞散,所以制片时经常采用乳酸酚棉蓝染液。用此染液制成的霉菌标本优点是染色效果明显,易于观察,细胞不易变形和干燥,能保持较长时间,而且具有杀菌防腐的作用。霉菌菌丝在显微镜下呈管状,形态复杂,具有分枝菌丝体和特化的繁殖器官,因此要注意观察霉菌菌丝的形态和大小,有无隔膜,特化子实体形态及孢子着生方式等。

霉菌的菌丝与培养基结合牢固，不易挑取，因此用于观察的培养方法与放线菌相似，也可采用插片法、搭片法和玻璃纸法等方法，但最常用的方法是载片培养法。该方法把菌种接种到提前在载玻片上滴好的小琼脂半固体培养基上，然后覆以盖玻片，放到培养皿制成的“湿室”中保温保湿培养，培养好后，就可以直接用显微镜观察其生长发育全过程，且不破坏样品自然生长状态。

三、实验用品

1. 菌种：酿酒酵母（*Saccharomyces cerevisiae*）、黑曲霉（*Aspergillus niger*）、青霉（*Penicillium* sp.）、黑根霉（*Rhizopus nigricans*）。

2. 培养基：马铃薯葡萄糖半固体培养基。

3. 试剂：0.1%美蓝染液、乳酸酚棉蓝染液、20%灭菌甘油或无菌水等。

4. 其他用品：显微镜、灭菌培养皿、载玻片、盖玻片、U形玻棒、解剖针、镊子、双面刀片、擦镜纸、脱脂棉、圆形滤纸等。

四、实验步骤

1. 酵母菌水浸片制备、形态观察和死活细胞鉴别

(1) 取0.1%美蓝染液1滴，滴加在干净的载玻片中央。

(2) 用接种环取培养48 h左右的酵母菌体少许，在液滴中轻轻涂抹均匀，染色3 min。

(3) 用镊子加盖干净盖玻片。为避免产生气泡，应先将其一边接触液滴，再慢慢放下盖玻片。

水浸片直接观察时，盖玻片要轻放，不要产生气泡。(下同)

(4) 用显微镜观察酵母菌的形态、大小和芽体，同时可以根据是否染上颜色来区别死、活细胞。

(5) 继续染色至0.5 h，再观察死活细胞的数目变化。

2. 霉菌水浸片的制备与观察

(1) 在干净载玻片上加乳酸酚棉蓝染液1滴。

(2) 用解剖针在霉菌菌落边缘挑取少量带有孢子的菌丝体放在载玻片的染液中，并小心用解剖针将菌丝体分散成自然状态，然后加盖玻片。

注意不要产生气泡，盖玻片盖好后不要再移动，以免弄乱菌丝。

(3)制好片后，在低倍和高倍显微镜下观察。

①黑曲霉(图11-1)：观察分生孢子梗、顶囊、小梗、分生孢子、足细胞、隔膜菌丝等。

②青霉(图11-2)：观察分生孢子梗、小梗、分生孢子等。

③黑根霉(图11-3)：观察假根、匍匐菌丝、孢子囊梗、孢子囊、孢囊孢子、无隔菌丝等。

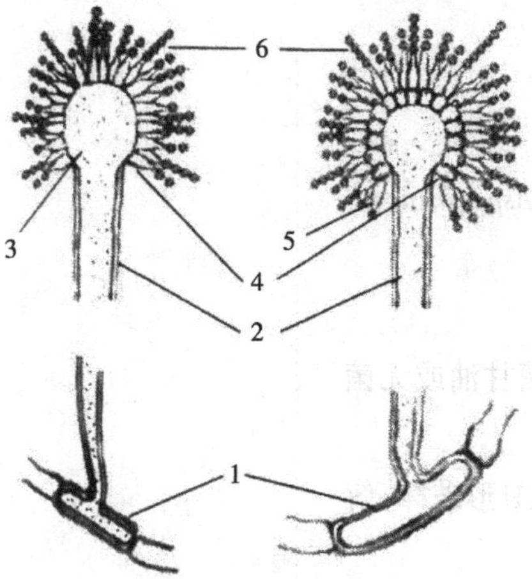

图11-1 黑曲霉形态

1.足细胞；2.分生孢子梗；
3.顶囊；4.初生小梗；
5.次生小梗；6.分生孢子

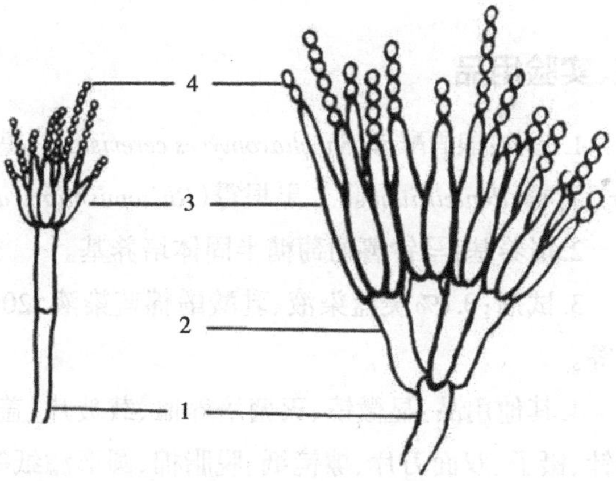

图11-2 青霉形态

1.分生孢子梗；2.梗基；
3.小梗；4.分生孢子

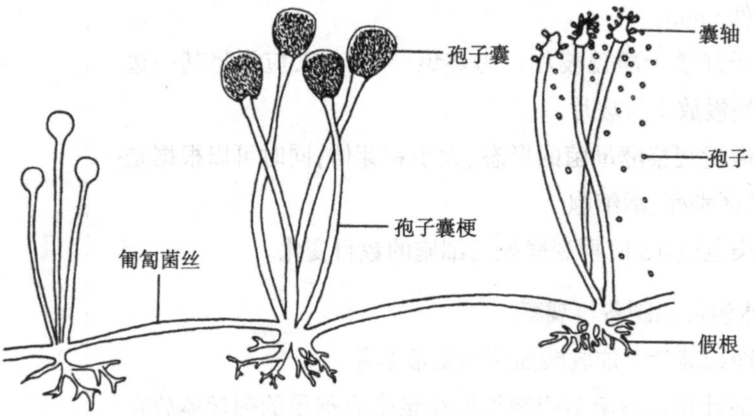

图11-3 根霉形态

3. 真菌的载片培养法

(1)准备湿室。

在平皿底部铺放圆形滤纸一张(图11-4),放上U形玻棒,其上再平放一张干净的载玻片与两张盖玻片,盖好平皿盖进行灭菌备用。

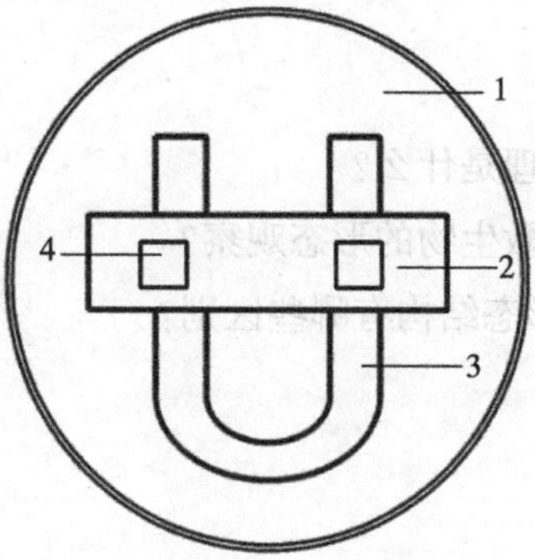

图11-4　载片培养法示意图

1.培养皿;2.载玻片;
3.U形玻棒;4.盖玻片

(2)接种。

接种量宜少。

分别挑取黑曲霉和青霉孢子点接在载玻片两端合适位置。

(3)滴培养基。

培养基要铺得圆且薄些。

用灭菌滴管吸取灭菌、熔化并冷却至50 ℃的PDA半固体培养基少许,滴于上述载玻片接种处,直径约0.5 cm。

(4)加盖玻片。

盖上盖玻片时,不能产生气泡,也不能把培养基压碎或压平而无缝隙。

用灭菌镊子取湿室中的盖玻片盖在培养基上,并轻轻压贴一下,使盖玻片和载玻片之间距离相当接近(不超过1/4 mm)。

(5)加甘油或水棉球。

为防止培养过程中培养基干燥,可在滤纸上滴加灭菌的20%甘油液3~4 mL或放入灭菌水棉球1~2个,然后盖上平皿盖,保持平皿内适宜的湿度。

(6)恒温培养。

将制备好的湿室放在适宜温度(多数真菌为28 ℃)的培养箱内培养,24 h后即可观察,以了解孢子萌发、菌丝生长等情况。

(7)镜检。

载片观察时,应先用低倍镜沿着琼脂块的边缘寻找合适的生长区,然后再换高倍镜仔细观察有关构造并绘图。

培养一定时间后,将湿室中的载玻片取出,放在低倍镜和高倍镜下观察霉菌的营养菌丝、气生菌丝、子实体及分生孢子等形态特征。

五、实验结果

绘图并说明实验中选用的酵母菌和霉菌的形态特征。

六、思考题

1. 美蓝染液鉴别酵母菌死活细胞的原理是什么？
2. 什么是载片培养法？它适用于哪些微生物的形态观察？
3. 在显微镜下，霉菌和放线菌的菌丝形态结构有哪些区别？

实验十二

四大类微生物菌落形态的观察与识别

微生物具有丰富的物种多样性。在光学显微镜下常见的微生物主要有细菌、放线菌、酵母菌和霉菌四大类。区分和识别各大类微生物的方法很多，其中最简便的方法是微生物形态特征观察，包括菌落形态(群体形态)和细胞形态(个体形态)两个方面的观察。微生物的细胞形态是菌落形态的基础，而菌落形态是细胞形态的集中反应。微生物形态特征观察对菌种的筛选、鉴定和杂菌识别等实际工作十分重要。本实验主要介绍微生物菌落的形态观察方法。

一、实验目的

1.熟悉细菌、放线菌、酵母菌和霉菌的菌落形态特征。

2.学习并掌握对微生物菌落的描述。

3.学会通过微生物菌落形态特征的观察来识别未知菌落。

二、实验原理

菌落是由某一种微生物的一个或少数几个细胞(包括孢子)在固体培养基上繁殖后所形成的子细胞集团，其形态和构造是细胞形态和构造在宏观层次上的反映，两者有密切的相关性。菌落特征与组成菌落的细胞结构、生长特点(好气性、运动性)和培养条件(培养基、培养时间)等有关。由于每一大类微生物都有独特的细胞特征，因而它们在一定的培养条件下都有各自的菌落特征，诸如菌落形状、大小、厚度、干湿度、色泽、透明度、致密度、气味、隆起度、边缘情况等都有明显差异。但是，在一定的培养基上和一定培养条件下，微生物菌落特征又是稳定的，因此通过菌落的观察可以识别细菌、放线菌、酵母菌和霉菌四大类微生物。在四大类微生物的菌落中，细菌和酵母菌的形态较接近，放线菌和霉菌的形态较接近，现分述如下。

1. 细菌的菌落形态

菌落较小、较薄、较透明，质地均匀、湿润、黏稠，表面光滑，易挑起，常产生不同的色素，菌落正反面和边缘与中央的颜色一致。但是有些细菌具有某些特殊构造，于是使其形成特有的菌落形态特征。有鞭毛的细菌菌落大而扁平，边缘很不圆整，如变形杆菌(*Proteus* spp.)，有的菌种甚至会形成迁移性的菌落；无鞭毛的细菌菌落较小，突起，边缘光滑。有荚膜的细菌菌落黏稠、光滑、透明，呈鼻涕状。有芽孢的细菌菌落不透明，表面较粗糙，有时还有曲折的沟槽样外观等。此外，由于许多细菌在生长过程中会产生较多有机酸或蛋白质分解产物，因此，菌落常散发出一股酸败味或腐臭味。

2. 酵母菌的菌落形态

因细胞不能运动，故形成的菌落一般呈圆形。酵母菌菌落较大，较厚，较透明，较湿润，质地均匀、黏稠，表面光滑，易挑起。酵母菌一般不产色素，菌落多为乳白色，少数为红色[如红酵母属(*Rhodotorula*)]，个别为黑色。假丝酵母属(*Candida*)的种类因可形成藕节状的假菌丝，菌落的边缘较快向外蔓延，从而形成较扁平，边缘较不整齐的菌落。此外，由于酵母菌可发酵糖产生乙醇，故其菌落常伴有酒香味。

3. 放线菌的菌落形态

放线菌为原核生物，菌丝纤细，生长缓慢，在其基内菌丝上可形成大量气生菌丝，气生菌丝成熟时进一步分化出孢子丝，其上再产生许多成串的色泽丰富的干粉状分生孢子。因此，菌落形态较小，质地致密、干燥，不透明，表面呈粉末状，色彩较丰富，不易挑起以及菌落边缘的培养基出现凹陷状等。菌落正反面和边缘与中央有不同的构造和颜色，菌落中央菌龄长、颜色深。但是，对于缺乏气生菌丝或气生菌丝不发达的放线菌，其菌落特征与细菌相似。此外，某些放线菌的基内菌丝因分泌水溶性色素而使培养基染上相应的颜色。不少放线菌还会产生有利于识别它们的土臭味素，致使菌落带有特殊的泥腥或冰片味。

4. 霉菌的菌落形态

霉菌属于真核生物，菌丝的直径一般较放线菌大1倍至10倍，长度则更加突出，且生长速度极快。霉菌菌落一般大而疏松或大而致密，呈绒毛状、棉絮状或蜘蛛网状，菌落干燥、不透明，菌落与培养基结合紧密，不易挑起，菌落正反面和边缘与中心有不同的构造和颜色，菌落中心菌龄长、颜色深。霉菌多数有霉味，颜色随霉菌种类不同而有不同。

三、实验用品

1.菌种：大肠杆菌、金黄色葡萄球菌、枯草芽孢杆菌、酿酒酵母、黑曲霉、青霉、黑根霉、细黄链霉菌(5406抗生菌)、灰色链霉菌、金霉素链霉菌等。

2.培养基：牛肉膏蛋白胨固体培养基、马铃薯葡萄糖培养基、高氏1号培养基。

3.其他用品：无菌培养皿、接种环、无菌吸管、酒精灯、生化恒温培养箱等。

四、实验步骤

1. 制备平板

将15~20 mL熔化后冷却至50 ℃左右的培养基按无菌操作倒入无菌培养皿中，静置待其凝固，如有冷凝水，倒置于30~37 ℃温箱内使其干燥。

倒平板时，摇动培养皿要轻，以免培养基溅出。

2. 平板接种

（1）制备已知菌的单菌落。

通过平板涂布或平板划线法在相应的平板上获得细菌、酵母菌和放线菌单菌落。用单点或三点接种法获得霉菌的单菌落。细菌于37 ℃条件下培养48 h，酵母菌于28 ℃条件下培养2~3 d，霉菌和放线菌置于28 ℃条件下培养5~7 d。待长成菌落后仔细观察四大类微生物菌落的形态特征，并做详细记录。

（2）制备未知菌的单菌落。

可用弹土法接种，采集校园土壤，风干磨碎后，将细土撒在无菌的硬板纸表面，弹去纸面浮土。打开皿盖，使含土的纸面对着平板培养基的表面，用手指在硬板纸背面轻轻一弹即可接种土中的各种微生物。从培养好的未知菌落中，挑选各大类典型菌落若干个，逐个编号，根据菌落识别要点区分未知菌落类群，并将判断结果填入下面相应的表格中。

3. 结果观察

观察时切勿将平皿随意打开或进行挑取；观察和识别菌落时应选择稀疏区域的单菌落。

菌落观察除用肉眼还可借助放大镜、低倍显微镜检查。

（1）大小。

菌落大小用毫米（mm）表示。细菌菌落直径不足1 mm者为露滴状菌落；1~2 mm者为小菌落；2~4 mm者为中等大小菌落；大于4 mm者为大菌落。

菌落大小与其在平板上的分布疏密有关：一般密集处菌落较小；稀疏处菌落较大。

（2）形态。

菌落形态有圆形、不规则形、同心圆状、丝状、根形、葡萄叶形等。

（3）边缘。

菌落边缘有整齐、锯齿状、网状、树叶状、虫蚀状、放射状等。

（4）表面形态。

细菌表面有光滑、黏液状、粗糙、皱襞状、漩涡状、荷包蛋状、颗粒状等。

(5)隆起度。

表面有隆起、轻度隆起、中央隆起，平升状、扁平状、凹陷状(脐状)、乳头状等。

(6)颜色及透明度。

菌落有无色、灰白色，有的有色素产生；有光泽或无光泽，透明、半透明、不透明。

(7)硬度。

干燥或湿润、黏液状、膜状等。

五、实验结果

1.将观察到的已知菌落的形态特征记录于表12-1中，未知菌菌落的形态特征及判断结果记录于表12-2中。

表12-1　已知菌落形态特征记录表

四大类	菌名	大小	厚薄	松密	干湿	表面	边缘	隆起形状	颜色			透明度
									正面	反面	色素溶解性	
细菌	大肠杆菌											
	金黄色葡萄球菌											
	枯草芽孢杆菌											
酵母菌	酿酒酵母											
	黏红酵母											
	热带假丝酵母											
放线菌	细黄链霉菌											
	灰色链霉菌											
	金霉素链霉菌											
霉菌	黑曲霉											
	青霉											
	黑根霉											

表12-2 未知菌落形态特征记录表

菌落号	大小	厚薄	松密	干湿	表面	边缘	隆起形状	颜色			透明度	判断结果
								正面	反面	色素溶解性		
1												
2												
3												
4												

2.初步统计一下你对未知菌落识别的准确率(%)。

六、思考题

1.具有鞭毛、荚膜或芽孢的细菌在形成菌落时,一般会出现哪些相应特征?

2.酿酒酵母与热带假丝酵母的菌落特征有何差别,为什么?

3.当放线菌菌落处于生长初期(气生菌丝还未大量形成),其菌落外形也呈现出较湿润、透明和光滑,这时如何判断它是放线菌而不是细菌?

4.从微生物菌落特征区分四大类微生物有何实践意义?

5.菌落干燥与湿润的原因是什么?为何这对四大类微生物的识别有重要意义?

实验十三

物理和化学因素对微生物生长的影响

除营养条件因素外,影响微生物生长的环境因素(包括物理、化学和生物因素)很多,如许多物理因子(如温度、渗透压、紫外线、酸碱度、氧气等)和化学因子(如各类药品和抗生素等)对微生物的生长繁殖、生理生化过程均能产生很大的影响,一切不良的环境条件均能使微生物的生长受到抑制,甚至导致菌体死亡。因此,可通过控制环境条件,使有害微生物的生长繁殖受到抑制,甚至将其彻底杀死;而对有益微生物的利用则可促使其更快地生长繁殖。本实验主要介绍温度、渗透压、pH、紫外线和抗生素对微生物生长的影响。

一、实验目的

1.学习并掌握常用化学药品对微生物生长的影响。

2.学习并掌握若干物理因素对微生物生长的影响。

二、实验原理

不同微生物对物理环境有不同要求。影响微生物的物理因素种类较多,主要包括温度、渗透压、pH和紫外线等。其中,温度的影响最为明显。这主要取决于其酶、细胞膜、核糖体以及其他成分的热敏感程度。过高的温度会导致蛋白质和核酸的变性、细胞膜的破坏等;过低的温度会使酶活性受抑制,细胞新陈代谢活动减弱。因此,每种微生物往往只能在一定的温度范围内生长,且都有一个最高、最适和最低生长温度。本实验主要以大肠杆菌为例测试其生长繁殖的温度范围及其最适生长温度。

不同微生物对渗透压的抗性不同。微生物生长受培养基基质渗透压的影响,一般细胞的渗透压为3~6个大气压。除嗜盐菌外,一般细菌在高渗压溶液中细胞易失水发生质壁分离现象;在低渗溶液中,细胞易吸水过量而胀破。因此,适宜的渗透压是微生物正常生长发育的必要条件,微生物耐渗透压的能力随菌种而不同,在细菌鉴定中,常以耐盐性试验作为其特征之一。

微生物生长繁殖需要一定的酸碱度即pH环境,H^+影响微生物对营养物质的吸收和生化反应。同时,pH过高或过低均会使蛋白质、核酸等生物大分子所带的电荷发生变化,影响其活性,甚至导致变性、失活。因此,微生物只能在一定的pH范围内生长,且有一个最适生长

pH。一般细菌适于在中性环境中生长,放线菌适于在偏碱性环境中生长,酵母菌和霉菌则适于在微酸性环境中生长。如果超出其适宜的范围,微生物生长将受到抑制或不能生长。

紫外线对微生物有明显的致死作用,波长260 nm左右的紫外线杀菌能力最强。紫外线对细胞的有害作用是由于细胞中很多物质(如核酸、嘌呤、嘧啶等)对紫外线的吸收能力很强,而吸收的能量会破坏DNA的结构。最明显的是诱导胸腺嘧啶二聚体的生成,进而抑制DNA的复制,轻则诱使细胞发生变异,重则导致死亡。紫外线虽有较强的杀菌力,但穿透力弱,即使一薄层玻璃或水层就能将大部分紫外线滤除,因此紫外线适用于表面灭菌和空气灭菌。经紫外线照射后的受损细胞,遇光会有光复活现象,故处理后的接种物应避光培养。紫外线对微生物生长的影响随着照射剂量、照射时间和照射距离的不同而不同。剂量大、时间长、距离短时,易杀死微生物;剂量小、时间短、距离长时,就会有少量个体存活,且有些个体会发生变异,可利用这种特性进行灭菌和选育菌种。本实验主要验证紫外线的杀菌作用。

一些化学药剂对微生物的生长有抑制或杀死作用。因此,在实验室内和生产上常用某些化学药剂进行杀菌或消毒。常用的化学消毒剂主要有重金属及其盐类,酚、醇、醛等有机化合物以及表面活性剂等。其杀菌或抑菌作用主要是使菌体蛋白质变性,或者与酶的-SH结合而使酶失去活性所致。然而,不同的微生物对不同的化学消毒剂或抑菌剂的反应不同,浓度、作用时间、环境条件等因素均会影响抑菌效果,因此需要通过试验确定最佳的杀菌剂浓度及作用时间。

抗生素通过抑制细菌细胞壁合成,破坏细胞质膜,作用于呼吸链以干扰氧化磷酸化,抑制蛋白质和核酸合成等方式,选择性地抑制或杀死微生物。此外,不同抗生素的抗菌谱也不相同,如青霉素作用于革兰氏阳性菌,多黏菌素作用于革兰氏阴性菌,属于窄谱抗生素;四环素和土霉素对许多革兰氏阳性菌和阴性菌都有作用,属于广谱抗生素。本实验利用滤纸片法可初步确定抗生素的抗菌谱。

三、实验用品

1. 菌种:大肠杆菌、金黄色葡萄球菌、酿酒酵母。

2. 培养基:牛肉膏蛋白胨液体培养基、牛肉膏蛋白胨琼脂培养基、牛肉膏蛋白胨琼脂斜面培养基、分别含0.5%、5%、10%和20% NaCl的牛肉膏蛋白胨琼脂培养基。

3. 试剂:酒精(40%、75%、95%)、石炭酸(0.5%、4%)、2.5%碘酒、0.25%新洁尔灭、青霉素、链霉素、庆大霉素、卡那霉素。

4. 其他用品:恒温培养箱、接种环、酒精灯、高压锅、水浴锅、圆滤纸片、镊子、药敏纸片等。

无菌操作必须严格，避免菌种混杂或污染。

各种处理及菌名要标注清楚，避免混乱。

四、实验步骤

1. 化学因素对微生物生长的影响(抑菌试验)

(1)涂平板。

用无菌吸管吸取培养18 h的待测菌液(大肠杆菌或金黄色葡萄球菌)0.1 mL至牛肉膏蛋白胨琼脂培养基平板上，并用无菌玻璃涂棒涂布均匀。

(2)标记。

将上述已涂布好的平板用记号笔在平皿底划成4(或6)等份，每一等份内标明一种药物的名称。

(3)滤纸片处理。

用无菌生理盐水配制各种不同浓度的化学试剂，将灭过菌的圆滤纸片放在化学试剂中浸泡1 min，制成药敏纸片。

(4)贴滤纸片。

将相应的药敏纸片对号贴在平板上，在平板中央贴上浸润无菌生理盐水的滤纸片作为对照。各纸片间距离应相等，且不能太靠近培养皿的边缘，一次性贴好，不要在培养基上来回拖动。

(5)培养与观察。

将上述平板倒置于37 ℃恒温培养箱中培养1 d，观察并记录抑菌圈的大小。可用尺子测量抑菌圈直径，根据其直径大小可初步确定化学试剂的抑菌效能。

在做不同温度对微生物生长的影响试验时，应保持培养温度的稳定。

2. 温度对微生物生长的影响

(1)接种。

以无菌操作方式用灭菌接种环分别在牛肉膏蛋白胨琼脂斜面培养基上划直线接种大肠杆菌和金黄色葡萄球菌各12支，共24支。

(2)培养。

将接种后的斜面培养基分为4组，每组6支，分别置于4 ℃、20 ℃、37 ℃和55 ℃四种温度下培养。

(3)观察记录。

培养48 h、72 h后，可用目测或光电比浊法观察生长状况并记录，确定其生长最适温度。

3. 渗透压对微生物生长的影响

(1)倒平板。

首先,取已灭菌的空培养皿,在皿底部用记号笔划分2个区域,标记上所要接种菌种(大肠杆菌和金黄色葡萄球菌)的名称;在皿盖上标明培养基名称和盐浓度。然后,将含有0.5%、5%、10%和20% NaCl的牛肉膏蛋白胨琼脂培养基熔化后分别倒平板。每种盐浓度倒平板3套,共12套。

在做不同渗透压对微生物生长的影响试验时,可同时用显微镜观察菌体细胞形态的变化。

(2)接种。

用无菌的接种环分别取所要接种的2种菌,在平板的对应位置上划线接种。

注意接种时勿划破琼脂表面以免影响菌落的形成。

(3)培养与观察。

将接种后的平板倒置于37 ℃恒温培养箱中培养2~4 d,逐日观察细菌生长状况并记录。将长在不同盐浓度中的培养基制成湿装片,在油镜下观察细菌单个细胞形态学上的变化。

4. pH对微生物生长的影响

(1)配制培养基。

配制牛肉膏蛋白胨液体培养基,分别调pH为3、5、7和9,每种pH分装2管,每管分装5 mL。121 ℃灭菌20 min备用。

(2)制备菌悬液。

取适量无菌生理盐水(或无菌水)分别加入大肠杆菌斜面培养基试管和酿酒酵母斜面培养基试管中,制成均匀的菌悬液。用无菌生理盐水(或无菌水)调整菌悬液浓度,使其OD_{600}为0.05。

(3)接种与培养。

取两套不同pH的牛肉膏蛋白胨液体培养基,分别接种大肠杆菌和酿酒酵母菌悬液各0.1 mL,大肠杆菌试管置于37 ℃条件下振荡培养24~48 h,酿酒酵母试管置于28 ℃条件下振荡培养24~48 h。

(4)观察记录。

可以目测或测OD_{600}值判断菌悬液的浓度。

5. 紫外线对微生物生长的影响

(1)倒平板。

将已灭菌的牛肉膏蛋白胨琼脂培养基冷却到50 ℃左右后倒平板,注意平皿中培养基厚度均匀,共4个平板。

(2)制备菌液。

将大肠杆菌和金黄色葡萄球菌分别接种到5 mL牛肉膏蛋白胨液体培养基中,37 ℃条件下振荡培养18 h。

(3)涂平板。

用无菌吸管吸取菌液0.1 mL至上述平板中,并用无菌玻璃涂棒涂布均匀,每种菌各涂2个平板。

(4)紫外线处理。

打开紫外灯预热20 min。打开培养皿盖,用无菌黑纸遮盖部分平板,在距离30 cm、15 W的紫外灯下照射20 min。照射完毕,取去黑纸,盖上皿盖。

(5)培养。

经紫外线照射后的平板一定要用黑布或纸包好进行培养。

置于37 ℃恒温培养箱中培养24 h。

(6)观察记录。

观察菌落分布状况,记录细菌对紫外线的抵抗能力。

五、实验结果

1. 比较不同化学药剂对微生物的抑菌效果,测量抑菌圈直径大小并填入下表中。

表13-1　不同化学药剂对微生物生长的抑菌效果

菌名	酒精			石炭酸		碘酒	新洁尔灭	抗生素			
	40%	75%	95%	0.5%	4%	2.5%	0.25%	青霉素	链霉素	庆大霉素	卡那霉素
大肠杆菌											
金黄色葡萄球菌											

2. 比较两种细菌在不同培养温度下的生长状况("—"表示不生长,"+"表示生长较差,"++"表示生长一般,"+++"表示生长良好),并填入下表。

表13-2　温度对微生物生长的影响

菌名	4 ℃		20 ℃		37 ℃		55 ℃	
	48 h	72 h	48 h	72 h	48 h	72 h	48 h	72 h
大肠杆菌								
金黄色葡萄球菌								

3.将不同盐浓度对微生物生长的影响填入下表，并以下述方式记录："−"表示不生长，"+"表示生长较差，"++"表示生长一般，"+++"表示生长良好。

表13-3 渗透压对微生物生长的影响

菌名	NaCl浓度/%			
	0.5	5	10	20
大肠杆菌				
金黄色葡萄球菌				

4.比较两种微生物在不同培养pH下的生长状况，将培养物的OD_{600}值填入下表。

表13-4 不同pH对微生物生长的影响

菌名	OD_{600}			
	3	5	7	9
大肠杆菌				
酿酒酵母				

5.绘图并说明紫外线对微生物生长的影响。

六、思考题

1.用化学试剂处理微生物后形成抑菌圈，其未长菌部分是否说明微生物细胞已被杀死？

2.影响抑菌圈大小的因素有哪些？抑菌圈的大小能否准确反映消毒剂抑菌能力的强弱？

3.为什么用盐或糖可保存食品？

4.简述青霉素对大肠杆菌和金黄色葡萄球菌的作用机理。

5.用紫外线照射后的微生物为什么要用黑布或纸包好进行培养？

6.结合专业回答：人们为什么要研究环境因素对微生物的影响？

实验十四

微生物毒力的测定

微生物的毒力又称致病力，表示病原体致病能力的强弱。对于细菌来说，毒力就是菌体对宿主体表的吸附，向宿主体内的入侵，在宿主体内的定居、生长和繁殖，向宿主周围组织的扩散蔓延，对宿主防御功能的抵抗，以及产生损害宿主的毒素等一系列能力的总和。毒力是细菌菌株的特征，各种细菌的毒力不同，并可因宿主种类及环境条件不同而发生变化。根据细菌的毒力强弱，可分为强毒株、弱毒株和无毒株。在疫苗与免疫血清的效能检验、药物的疗效判断时都需要先将细菌的毒力进行测定。目前用来表示细菌毒力强弱程度的方法有很多，最实用的是半数致死量（Median Lethal Dose，LD_{50}）和半数感染量（Median Infectious，ID_{50}）。本实验主要介绍微生物半数致死量的测定方法。

一、实验目的

掌握微生物半数致死量测定的步骤和计算方法。

二、实验原理

半数致死量是应用最为广泛的一种微生物毒力测定方法，它是指在一定时间内能使接种的半数实验动物于感染后发生死亡所用的微生物量或毒素量。试验时，要选择大小、体重与年龄一致的动物，将动物分为若干组，每组的动物数相等，然后以同量的材料感染一组动物。各组动物所用的材料量均有一定的差数，对各组动物的死亡数加以记录，然后应用数学统计的方法计算出半数致死量。LD_{50}值的大小反映了致病菌的毒力水平，LD_{50}值越小，说明病原菌毒力越强，反之毒力越弱。

三、实验用品

1.菌种：副溶血性弧菌（*Vibrio parahemolyticus*）。

2.实验动物：健康的斑马鱼（鲤鱼或草鱼）60尾。

3.培养基：LBS液体培养基（或LB液体培养基）。

4.试剂：无菌生理盐水。

5.其他用品：75%酒精棉球、注射器、微量进样器、无菌移液管、恒温摇床、离心机、分光光度计、水族箱、接种环、酒精灯等。

同一实验中，实验动物个体的年龄、体重应尽量一致，各组动物的数量应相等。

实验前，根据实践经验，参考有关资料或进行预备试验，了解死亡率100%的最小剂量和死亡率0%的最大剂量，然后根据组数（一般分为5~8组），按照等比级数计算每组动物的接种剂量。

四、实验步骤

1. 实验用鱼的准备

先将斑马鱼驯养7 d，使其适应实验环境，实验前1 d停止喂食，以防剩余的饵料及粪便影响水质。实验前4 d要求驯养缸中鱼的死亡率不得超过10%，否则不能用于正式实验。

2. 实验菌株稀释菌液配制

无菌操作将副溶血性弧菌菌株接种到LBS液体培养基，置于37 ℃摇床中，200 r/min培养过夜。将过夜菌液重新接种到新鲜的培养基中继续培养，16 h左右测OD_{600}值。将OD_{600}值为1.26的10 mL菌液（约1.6×10^8 CFU/mL）以4 000 r/min离心10 min，弃上清液，用无菌生理盐水洗涤3次，置于4 ℃环境中备用。活菌计数，调整到合适浓度（1.6×10^9 CFU/mL），备用。

3. 动物接种

3倍梯度稀释浓度为1.6×10^9 CFU/mL的备用菌液，使浓度梯度分别为5.3×10^8 CFU/mL、1.8×10^8 CFU/mL、6.0×10^7 CFU/mL、2.0×10^7 CFU/mL和6.7×10^6 CFU/mL，进行斑马鱼的感染实验。将斑马鱼随机分为6组，每组10尾，编号。采用腹腔注射的人工感染方式，每尾鱼注射10 μL菌悬液。同时设立阴性对照组，注射等量无菌生理盐水。接种后，各组分开饲养于不同的水族箱中，定时观察。统计96 h的累积死亡数，记录于表14-1中。

表14-1 实验鱼96 h死亡和存活统计表

剂量/(CFU/mL)	剂量对数	每组实验鱼数/尾	死亡鱼数/尾	累积死亡鱼数/尾	存活鱼数/尾	累积存活鱼数/尾	鱼总数/尾	累积死亡率/%
5.3×10^8								
1.8×10^8								
6.0×10^7								
2.0×10^7								
6.7×10^6								
无菌生理盐水								

4. 计算LD_{50}

应用Reed-Muench法计算LD_{50}。

Reed-Muench法是在动物死亡、存活记录的基础上，计算出斑马鱼的累积死亡数、累积存活数及死亡率。其中累积死亡数由低剂量向高剂量组逐级累积，累积存活数则由高剂量组向低剂量组逐级累加；即死亡数由上向下加、存活数由下向上加的方法，计算出动物累积死亡数、存活数及死亡率。

由于累积的死亡率的线性较不累积时更好，故此方法只运用一组累积死亡率大于50%和一组累积死亡率小于50%的数据即可得到一条直线，并将此直线近似认为是死亡率和剂量对数相关的直线，50%死亡率的点在该直线上。根据统计学方法算出一个比例系数r，取反对数即可得到LD_{50}。

$$r=(m-n)/(a-b)$$

$$\lg LD_{50}=r(50-b)+n$$

式中，a为大于50%的累积死亡率，m为其对应的剂量对数；b为小于50%的累积死亡率，n为其对应的剂量对数。

例：根据累积死亡率和存活率计算表（表14-2）可计算出LD_{50}。

表14-2 实验鱼累积死亡和累积存活率计算表

剂量/(CFU/mL)	剂量对数	每组实验鱼数/尾	死亡鱼数/尾	累积死亡鱼数/尾	存活鱼数/尾	累积存活鱼数/尾	鱼总数/尾	累积死亡率/%
5.3×10^8	8.7	10	10	29	0	0	29	100
1.8×10^8	8.3	10	8	19	2	2	21	90.5
6.0×10^7	7.8	10	6	11	4	6	17	64.7
2.0×10^7	7.3	10	3	5	7	13	18	27.8
6.7×10^6	6.8	10	2	2	8	21	23	8.7
无菌生理盐水	—	10	0	—	10	—	—	—

得：

$$r=(7.8-7.3)/(64.7-27.8)$$

$$\lg LD_{50}=r(50-27.8)+7.3$$

反对数即得96 h副溶血性弧菌菌株的LD_{50}为3.9×10^7 CFU/mL。

五、思考题

1.半数致死量的计算方法有哪些？各有何特点？

2.半数致死量有何意义？

实验十五

微生物的菌种保藏方法

微生物个体微小，代谢活跃，生长繁殖快，如果保存不妥容易发生变异，或被其他微生物污染，甚至导致细胞死亡，这种现象屡见不鲜。菌种的长期保藏对任何微生物学工作者都是很重要的，而且也是非常必要的。自19世纪末F. Kral开始尝试微生物菌种保藏以来，已建立了许多长期保藏菌种的方法。虽然不同的保藏方法其原理各异，但基本原则都是使微生物的新陈代谢处于最低或几乎停止的状态。保藏方法通常是基于温度、水分、通气、营养成分和渗透压等方面考虑的。

一、实验目的

学习和掌握菌种保藏的基本原理，比较几种不同的保藏方法。

二、实验原理

微生物具有容易变异的特性，因此，在保藏过程中，必须使微生物的代谢处于最不活跃或相对静止的状态，才能在一定的时间内使其不发生变异而又保持生活能力。菌种的各种变异都是在微生物生长繁殖过程中发生的，因此，为了防止菌种的衰退，在保藏菌种时首先要选用它们的休眠体如分生孢子、芽孢等，并要创造一个低温、干燥、缺氧、避光和缺少营养的环境条件，以利于休眠体能较长期地维持其休眠状态。对于不产孢子的微生物来说，也要使其新陈代谢处于最低水平，又不会死亡，从而达到长期保藏的目的。常用的菌种保藏方法有：斜面或半固体穿刺菌种的冰箱保藏法，石蜡油封藏法，沙土保藏法，冷冻干燥保藏法和液氮保藏法等。

保藏方法大致可分为以下几种。

1. 传代培养保藏法

又有斜面培养、穿刺培养、疱肉培养基培养等（后者作保藏厌氧细菌用），培养后于4~6 ℃冰箱内保存。

斜面低温保藏法保藏时间依微生物的种类不同而异。霉菌、放线菌及有芽孢的细菌保存2~4个月移种一次；酵母菌保存2个月移种一次；细菌最好每月移种一次。此法为实验室和工厂菌种室常用的保藏法。其优点是操作简单，使用方便，不需特殊设备，能随时检查所保藏的菌株是否死亡、变异与污染杂菌等。缺点是容易变异，因为培养基的物理、化学特性不是严格恒定的，屡次传代会使微生物的代谢改变，从而影响微生物的性状；污染杂菌的机会亦较多。

2. 液体石蜡覆盖保藏法

该法是传代培养的变相方法，能够适当延长保藏时间，它是在斜面培养物和穿刺培养物上面覆盖灭菌的液体石蜡，一方面可防止因培养基水分蒸发而引起的菌种死亡，另一方面可阻止氧气进入，以减弱代谢作用。

此法实用且效果好。霉菌、放线菌、芽孢细菌可保藏2年以上不死，酵母菌可保藏1~2年，一般无芽孢细菌也可保藏1年左右，甚至用一般方法很难保藏的脑膜炎球菌，在37 ℃温箱内，亦可保藏3个月之久。此法的优点是制作简单，不需特殊设备，且不需经常移种。缺点是保存时必须直立放置，所占位置较大，同时也不便携带。从液体石蜡下面取培养物移种后，接种环在火焰上烧灼时，培养物容易与残留的液体石蜡一起飞溅，应特别注意。

3. 载体保藏法

此法是将微生物吸附在适当的载体如土壤、沙子、硅胶、滤纸上，而后进行干燥的保藏法。例如沙土保藏法和滤纸保藏法应用相当广泛。

沙土保藏法多用于能产生孢子的微生物，如霉菌、放线菌，因此在抗生素工业生产中应用最广，效果亦好，可保存2年左右，但应用于营养细胞效果不佳。

细菌、酵母菌、丝状真菌均可用滤纸保藏法保藏，前两者可保藏2年左右，有些丝状真菌甚至可保藏14~17年之久。此法较液氮、冷冻干燥法简便，不需要特殊设备。

4. 寄主保藏法

用于目前尚不能在人工培养基上生长的微生物，如病毒、立克次氏体、螺旋体等，它们必须在生活的动物、昆虫、鸡胚内感染并传代，此法相当于一般微生物的传代培养保藏法。病毒等微生物亦可用其他方法如液氮保藏法与冷冻干燥保藏法进行保藏。

5. 冷冻保藏法

可分低温冰箱（−30~−20 ℃，−80~−50 ℃）、干冰酒精快速冻结（约−70 ℃）和液氮（−196 ℃）等保藏法。

液氮冷冻保藏法除适宜于一般微生物的保藏外，对一些用冷冻干燥法都难以保存的微生物，如支原体、衣原体、氢细菌、难以形成孢子的霉菌、噬菌体及动物细胞均可长期保藏，而且性状不变异。缺点是需要特殊设备。

6. 冷冻干燥保藏法

先使微生物在极低温度（−70 ℃左右）下快速冷冻，然后在减压下利用升华现象除去水分（真空干燥）。有些方法如滤纸保藏法、液氮保藏法和冷冻干燥保藏法等均需使用保护剂来制备细胞悬液，以防止因冷冻或水分不断升华对细胞造成损害。保护性溶质可通过氢和离子键对水和细胞所产生的亲和力来稳定细胞成分的构型。保护剂有牛乳、血清、糖类、甘油、二甲亚砜等。

此法为菌种保藏方法中最有效的方法之一，对一般生活力强的微生物及其孢子以及无芽孢菌都适用，即使对一些很难保存的致病菌，如脑膜炎球菌与淋病球菌等亦能保存。适用于菌种长期保存，一般可保存数年至十余年，但设备和操作都比较复杂。

三、实验用品

1.菌种：待保藏的细菌、酵母菌、放线菌和霉菌。

2.培养基：牛肉膏蛋白胨培养基（细菌）、麦芽汁琼脂培养基（酵母菌）、高氏1号培养基（放线菌）、马铃薯蔗糖琼脂培养基（霉菌）。

3.试剂：灭菌脱脂牛乳、灭菌水、化学纯液体石蜡、甘油、五氧化二磷、河沙、瘦黄土或红土、冰块、食盐、干冰、95%酒精、10%盐酸、无水氯化钙。

4.其他用品：灭菌吸管、灭菌滴管、灭菌培养皿、管形安瓿管，泪滴形安瓿管（长颈球形底）、40目与100目筛子、油纸、滤纸条（0.5 cm×1.2 cm）、干燥器、真空泵、真空压力表、喷灯、L形五通管、冰箱、低温冰箱（-30 ℃）、液氮冷冻保藏器等。

绝大多数微生物的菌种均应保藏其休眠体，如孢子或芽孢。一般以稍低于适宜生长温度下培养至孢子成熟的菌种进行保存，效果较好。

四、实验步骤

1. 斜面低温保藏法

将菌种接种在适宜的固体斜面培养基上，待菌种充分生长后，棉塞部分用油纸包扎好，移至2~8 ℃冰箱中保藏。

碳源比例应少些，营养成分贫乏些较好，否则易产生酸，或使代谢活动增强，影响保藏时间。

2. 液体石蜡保藏法

(1)液体石蜡灭菌。

将液体石蜡分装于三角烧瓶内，塞上棉塞，外包牛皮纸，121 ℃灭菌30 min，然后置于40 ℃温箱中，使水汽蒸发掉；或置于105~110 ℃烘箱中烘2 h，以除去石蜡中的水分，如水分已除净，石蜡即呈均匀透明状液体，备用。

(2)菌种培养。

将需要保藏的菌种在最适宜的斜面培养基中培养，以得到健壮的菌体或孢子。

(3)加液体石蜡。

用灭菌吸管吸取灭菌的液体石蜡，注入已长好菌的斜面上，其用量以高出斜面顶端1 cm为准，使菌种与空气隔绝。

(4)保藏。

将试管直立，置于低温或室温下保存(有的微生物在室温下比冰箱中保存的时间还要长)。

3. 滤纸保藏法

(1)准备滤纸条。

将滤纸剪成0.5 cm×1.2 cm的小条，装入0.6 cm×8 cm的安瓿管中，每管1~2张，塞以棉塞，121 ℃灭菌30 min。

(2)接种培养。

将需要保存的菌种在适宜的斜面培养基上培养，使其充分生长。

(3)制备菌悬液。

取灭菌脱脂牛乳1~2 mL滴加在灭菌培养皿或试管内，取数环菌苔在牛乳内混匀，制成浓悬液。

(4)浸滤纸条。

用灭菌镊子自安瓿管取滤纸条浸入菌悬液内，使其吸饱，再放回至安瓿管中，塞上棉塞。

(5)干燥。

将安瓿管放入内有五氧化二磷作吸水剂的干燥器中，用真空泵抽气至干。

(6)封管与保藏。

将棉花塞入管内，用火焰熔封，置于4 ℃冰箱中保藏。

(7)恢复培养。

需要使用菌种复活培养时，可将安瓿管口在火焰上烧热，滴几滴无菌冷水在烧热的部位，使玻璃破裂，再用镊子敲掉口端的玻璃，待安瓿管开启后，取出滤纸，放入液体培养基内，置于最适温度下培养。

4. 沙土保藏法

(1)沙处理。

需将沙和土充分洗净，以防其中含有过多的有机物影响菌的代谢或经灭菌后产生一些有毒的物质。

取河沙加入10%稀盐酸，加热煮沸30 min，以去除其中的有机质。然后倒去酸水，用自来水冲洗至中性，烘干或晒干，用40目筛子过筛,以去掉粗颗粒,备用。

(2)土处理。

取非耕作层的不含腐殖质的瘦黄土或红土,加自来水浸泡洗涤数次,直至中性。烘干,碾碎,通过100目筛子过筛,以去除粗颗粒,备用。

(3)装沙土管。

按1份黄土、3份沙的比例(或根据需要而用其他比例,甚至可全部用沙或全部用土)掺和均匀,装入10 mm×100 mm的小试管或安瓿管中,每管装1 g左右,塞上棉塞,进行灭菌,烘干。

(4)无菌试验。

抽样进行无菌检查,每10支沙土管抽一支,将沙土倒入肉汤培养基中,37 ℃培养48 h。若仍有杂菌,则需全部重新灭菌,再做无菌试验,直至证明无菌,方可备用。

(5)制备菌液。

选择培养成熟的(一般指孢子层生长丰满的,营养细胞用此法效果不好)优良菌种,以无菌水洗下,制成孢子悬液。

(6)加样。

于每支沙土管中加入约0.5 mL(一般以刚刚使沙土润湿为宜)孢子悬液,以接种针拌匀。

(7)干燥。

将含菌沙土管放入真空干燥器内,用真空泵抽干水分,抽干时间越短越好,务必在12 h内抽干。

(8)抽样检查。

每10支抽取一支,用接种环取出少数沙粒,接种于斜面培养基上,进行培养,观察生长情况和有无杂菌生长。如出现杂菌或菌落数很少或根本不长,则说明制作的沙土管有问题,尚需进一步抽样检查。

(9)封管与保藏。

若经检查没有问题,用火焰熔封管口,放入冰箱或室内干燥处保存。每半年检查一次活力和杂菌情况。

(10)恢复培养。

需要使用菌种进行复活培养时,取沙土少许移入液体培养基内,置于最适温度中培养。

5. 液氮冷冻保藏法

(1)制备冻存管。

准备可用于液氮保藏的安瓿管,要求能耐受温度突然变化而不致破裂。因此,需要采用硼硅酸盐玻璃制造的安瓿管,安瓿管的大小通常使用75 mm×10 mm的,或能容纳1.2 mL液体的。若保存细菌、酵母菌或霉菌孢子等容易分散的细胞,则将空安瓿管塞上棉塞,121 ℃灭菌15 min;若作保存霉菌菌丝体用则需在安瓿管内预先加入保护剂,如20%甘油蒸馏水溶液或10%二甲亚砜(DMSO)蒸馏水溶液,加入量以能浸没以后加入的菌落圆块为限,而后121 ℃灭菌15 min。

(2)制备保护剂。

配制20%甘油或10%DMSO水溶液,然后121 ℃灭菌30 min。

(3)分装菌种。

接入菌种将菌种用20%甘油蒸馏水溶液或10%DMSO水溶液制成菌悬液(保护剂的最终浓度分别为10%或5%),装入已灭菌的安瓿管。霉菌菌丝体则可用灭菌打孔器,从平板内切取菌落圆块,放入含有保护剂的安瓿管内,然后用火焰熔封。浸入水中检查有无漏洞。

(4)冻结。

将已封口的安瓿管置于程序降温盒中,以每分钟下降1 ℃的慢速冻结至-30 ℃。若细胞急剧冷冻,则会在细胞内形成冰的结晶,从而降低存活率。

(5)保藏。

将经冻结至-30 ℃的安瓿管立即放入液氮冷冻保藏器的小圆筒内,然后再将小圆筒放入液氮保藏器内。液氮保藏器内的气相为-150 ℃,液态氮内为-196 ℃。

(6)恢复培养。

保藏的菌种需要用时,将安瓿管取出,立即放入38~40 ℃的水浴中进行急剧解冻,直到全部融化为止。再打开安瓿管,将内容物移入适宜的培养基上培养。

6. 冷冻干燥保藏法

(1)准备安瓿管。

用于冷冻干燥菌种保藏的安瓿管宜采用中性玻璃制造,塞好棉塞,于121 ℃条件下灭菌30 min,备用。

(2)准备菌种。

用冷冻干燥法保藏的菌种,其保藏期可达数年至数十年,为了在许多年后不出差错,故所用菌种要特别注意其纯度,即不能有杂菌污染,然后在最适培养基中用最适温度培养,从而培养出良好的培养物。细菌和酵母的菌龄要求超过对数生长期,若用对数生长期的菌种进行保藏,其存活率反而降低。一般,细菌要求24~48 h的培养物;酵母菌需培养3 d;形成孢子的微生物则宜保存孢子;放线菌与丝状真菌则培养7~10 d。

(3)制备菌悬液与分装。

以细菌斜面为例,将2 mL左右脱脂牛乳加入斜面试管中,制成浓菌液,每支安瓿管分装0.2 mL。

(4)冷冻。

冷冻干燥器有成套的装置出售,价值昂贵,此处介绍的是简易方法与装置,可达到同样的目的。

冷冻干燥所用的保护剂,有不少经过加热就会分解或变性的物质,如还原糖和脱脂乳。过度加热往往形成有毒物质,灭菌时应特别注意。

将分装好的安瓿管置于低温冰箱中冷冻，无低温冰箱可用冷冻剂，如干冰（固体CO_2）酒精液或干冰丙酮液，温度可达-70 ℃。将安瓿管插入冷冻剂，只需冷冻4~5min，即可使悬液结冰。

（5）真空干燥。

为在真空干燥时使样品保持冻结状态，需准备冷冻槽，槽内放碎冰块与食盐，混合均匀，可冷至-15 ℃，将安瓿管放入冷冻槽中的干燥瓶内。

抽气一般若在30 min内能达到93.3 Pa（0.7 mmHg）真空度时，则干燥物不致熔化，以后再继续抽气，几小时内，肉眼可观察到被干燥物已趋干燥，一般抽到真空度26.7 Pa（0.2 mmHg），保持压力6~8 h即可。

（6）封口。

抽真空干燥后，取出安瓿管，接在封口用的玻璃管上，可用L形五通管继续抽气，约10 min即可达到26.7 Pa（0.2 mmHg）。于真空状态下，以煤气喷灯的细火焰在安瓿管颈中央进行封口。封口以后，保存于冰箱或室温暗处。

五、实验结果

将菌种保藏情况记录于下表中。

表15-1　菌种保藏记录

菌种名称		培养条件		保藏编号	保藏方法	保藏日期	存入条件	经手人
中文名	学名	培养基	培养温度					

六、思考题

根据自己的实验，谈谈1~2种微生物菌种保藏方法的利弊。

第二部分 综合与水产应用微生物实验

实验十六

水体中细菌总数和大肠菌群的检测

水是地球上最常见的由氢和氧组成的无毒、可饮用的无机物,因其是所有生命不可或缺的有效组成成分之一,因此也被称作人类生命的源泉。水质日常检测指标有色度、浊度、细菌总数、大肠菌群、余氯、铁和锰7项。水中细菌总数可说明水被有机物污染的程度。根据水中大肠菌群数可判断水源是否被粪便污染,并可推测水源受肠道病原菌污染的可能性。因此,饮用水是否合乎国家卫生标准,通常要测定水中细菌总数和大肠菌群数两项重要指标。国家饮用水标准(GB5749-2006)规定,饮用水中大肠菌群数每升中不超过3个,细菌总数每毫升不超过100个。本实验采用平板菌落计数法测定水中细菌菌落总数,采用多管发酵法和滤膜法测定水中的大肠菌群数。

水中细菌菌落总数的测定

一、实验目的

1.学习水样的采取方法和水样细菌总数测定的方法。

2.了解水源水的平板菌落计数原则。

二、实验原理

水中细菌菌落总数可作为判定被检水样被有机物污染程度的标志。细菌菌落数量越多，则水中有机质含量越高。在水质卫生学检验中，细菌菌落总数是指1 mL水样在牛肉膏蛋白胨固体培养基上经37 ℃培养48 h后所生长出的细菌菌落数。所用的方法是平板菌落计数法，由于计算的是平板上形成的菌落(CFU)数，故其单位应是CFU/g(mL)。

本实验采用平板菌落计数法测定水中的细菌总数，由于水中细菌种类繁多，生长条件各异，不可能用同一种培养基在一种条件下，使水体中所有细菌都生长，因此，以一定的培养基培养计数得出的细菌总数仅是一种近似值。目前，水体中细菌总数的测定所用的培养基一般采用牛肉膏蛋白胨琼脂培养基。平板菌落计数法简便、快捷，但不同水体的取样方法不完全相同，尤其是严重污染的水体，需要做系列稀释。

三、实验用品

1. 培养基：牛肉膏蛋白胨琼脂培养基。

2. 其他用品：灭菌三角瓶、灭菌的具塞三角瓶、灭菌平皿、灭菌吸管、灭菌试管等。

四、实验步骤

采集的水样应迅速送回实验室测定。一般较清洁的水可在12 h内测定，污水须在6 h内完成测定。

1. 水样的采集

(1)自来水。

先将自来水龙头用酒精灯火焰灼烧灭菌，再打开水龙头使水流5 min，以灭菌三角瓶接取水样以备分析。

(2)池水、河水、湖水等地面水源水。

在距岸边5 m处，取距水面10~15 cm的深层水样，先将灭菌的具塞三角瓶瓶口向下浸入水中，然后翻转过来，除去玻璃塞，水即流入瓶中，盛满后，将瓶塞盖好，再从水中取出。如果不能在2 h内进行检测，需放入4 ℃冰箱中保存。

2. 水样稀释及培养

(1)按无菌操作法,将水样作10倍系列稀释,稀释度依据水样的污染程度而定。根据对水样污染情况的估计,选择2~3个适宜稀释度(饮用水如自来水、深井水等,一般选择1∶1、1∶10两种浓度;水源水如河水等,比较清洁的可选择1∶10、1∶100、1∶1 000三种稀释度;污染水源选择1∶100、1∶1 000、1∶10 000三种稀释度),吸取1 mL稀释液于灭菌平皿内,每个稀释度做2个重复。

(2)将熔化后温度45 ℃左右的牛肉膏蛋白胨琼脂培养基倒平皿,每皿约15 mL,并趁热转动平皿混合均匀。

(3)待琼脂凝固后,将平皿倒置于37 ℃培养箱内培养24±1 h后取出,计算平皿内菌落数目,乘以稀释倍数,即得1 mL水样中所含的细菌菌落总数。

3. 菌落计算方法

平板计数时,可用肉眼观察,必要时用放大镜检查,以防遗漏。在记下各平板的菌落数后,求出同稀释度的各平板平均菌落数。不同情况的计算方法如下。

(1)细菌菌落数的选择。

选取菌落数在30~300之间的平板作为菌落总数测定标准。一个稀释度使用2个重复时,选取2个平板菌落数的平均值。如果一个平板有较大片状菌落生长时,则不宜采用,而应以无片状菌落生长的平板计数作为该稀释度的菌数。若片状菌落不到平板的一半,而其余一半中菌落分布又很均匀,可计算半个平板后乘2以代表整个平板的菌落数。

(2)稀释度的选择。

①若只有1个稀释度的平板菌落数在30~300范围,可统计该稀释度的2个平板的菌落数,取平均值(表16-1例次1)。

②当有2个稀释度的平板菌落数为30~300时,则按照两者的平均菌落总数的比值(高稀释度/低稀释度)来确定。若其比值<2,应报告两者的平均数(表16-1例次2);若其比值≥2,则报告其中稀释度较小的菌落总数(表16-1例次3)。

③若所有稀释度的平均菌落均>300,则应按稀释倍数最高的平均菌落数乘以稀释倍数报告(表16-1例次4)。

④若所有稀释度的平均菌落数均<30,则应按稀释倍数最低的

水体细菌总数的测定过程中,菌落数应随着稀释梯度的变化而呈现规律性变化,否则,则按实验操作过程中可能存在杂菌污染处理。

实验时应控制好培养基温度,一般为45~50 ℃。温度过高,平板表面和上皿盖内侧冷凝水过多,菌落常成为线状或片状,同时可能烫死部分微生物,使结果偏低;温度过低,则容易形成凝块,使菌体分布不均匀,干扰计数。

平均菌落数乘以稀释倍数报告(表16-1例次5)。

⑤若所有稀释度的平板菌落数均不在30~300范围内,则选取最接近30或300的平均菌落数乘以该稀释倍数报告(表16-1例次6)。

⑥若所有稀释度均无菌落生长,则以小于1乘以最低稀释倍数报告(表16-1例次7)。

表16-1 计算菌落总数方法举例

例次	不同稀释度的平均菌落数			两个稀释度总菌落数之比(高稀释度/低稀释度)	菌落总数/(CFU/mL)	报告方式	备注
	10^{-1}	10^{-2}	10^{-3}				
1	1 365	164	20	—	16 400	1.6×10^4	两位以后的数字采取四舍五入的方法
2	2 760	295	46	1.6	37 750	3.8×10^4	
3	2 890	271	60	2.2	27 100	2.7×10^4	
4	无法计数	1 650	513	—	513 000	5.1×10^5	
5	27	11	5	—	270	2.7×10^2	
6	无法计数	305	12	—	30 500	3.1×10^4	
7	0	0	0	—	<10	<10	

(3)细菌总数的报告。

细菌总数的计算公式:$CFU=\overline{A}\times10^n/V$

其中,$\overline{A}$为菌落的平均数;n为稀释倍数;V为体积。

细菌的菌落数在100以内时,按其实有数报告;大于100时,四舍五入保留两位有效数字。为了减少数字后面"0"的个数,可用10的指数来表示,如表16-1"报告方式"一栏所示。

4. 灭菌和清洗

将所有培养物置于沸水中煮20 min,或高压蒸汽灭菌,灭菌后再清洗。

五、实验结果

将自来水和池水(河水或湖水)细菌总数的测定结果分别填入表16-2和表16-3中。

表16-2 自来水细菌总数测定结果

平板	菌落数	1 mL自来水中细菌总数
1		
2		

表16-3 池水(河水或湖水)细菌总数测定结果

稀释度	菌落数		平均菌落数	两个稀释度菌落总数的比值(高稀释度/低稀释度)	细菌总数/(个/mL)
	平板1	平板2			
10^{-1}					
10^{-2}					
10^{-3}					

六、思考题

试根据所测水样的细菌菌落数量评价该水样的卫生状况。

水中总大肠菌群的测定

一、实验目的

学习检测水中大肠菌群的方法,了解大肠菌群数量与水质状况的关系。

二、实验原理

大肠菌群是指在37 ℃、24 h内能发酵乳糖、产酸产气、需氧和兼性厌氧的革兰氏阴性无芽孢杆菌的总称,主要由肠杆菌科中四个属的细菌组成,即埃希氏杆菌属、柠檬酸杆菌属、克雷伯氏菌属和肠杆菌属。水样中总大肠菌群的含量表明水被粪便污染的程度,而且间接地表明有肠道致病菌存在的可能性。目前,国内外普遍采用大肠菌群作为卫生检测检品受人、畜粪便污染的指标性微生物。

大肠菌群数是指1 000 mL水检样内含有的大肠菌群实际数值,以大肠菌群最近似数(MPN)表示。GB/T 5750-2006《生活饮用水标准检验方法》对总大肠菌群及大肠杆菌的检测方法有三种:多管发酵法、滤膜法和酶底物法等。其中多管发酵法为我国大多数环保、卫生和水厂等单位所采用。该方法是将一定量的水样接种于乳糖蛋白胨培养基的试管中,根据发酵反应的结果确定总大肠菌群的阳性管数后,在MPN检数表中查出总大肠菌群的近似值。滤膜法是采用滤膜过滤器过滤水样,使其中的细菌截留在滤膜上,后将滤膜置于鉴别性培养基上进行培养。酶底物法是利用大肠菌群细菌能产生β-半乳糖苷酶的特点,此酶可分解培养基上的邻硝基酚β-D-半乳糖苷(ONPG)使培养基呈黄色,以此可检验水中的总大肠菌群。本实验主要介绍多管发酵法和滤膜法。

1. 多管发酵法

多管发酵法适用于饮用水和水源水，尤其是混浊度高的水中总大肠菌群的测定，通常包括初发酵试验、平板分离和复发酵试验三个部分。

（1）初发酵试验。

发酵管内装有乳糖蛋白胨液体培养基，并倒置1个德汉式小套管。乳糖能起选择作用，因为很多细菌不能发酵乳糖，而大肠菌群能发酵乳糖产酸产气。为了便于观察细菌的产酸情况，培养基内加溴甲酚紫作为pH指示剂，若细菌产酸后，培养基由紫变黄。同时，溴甲酚紫还能抑制其他细菌（如芽孢杆菌）的生长。

水样接种于发酵管后，经37 ℃培养24 h，小套管中有气体形成，并且培养基浑浊，颜色改变，说明水中存在大肠菌群，为阳性结果。但是，有个别其他类型的细菌此条件下可能产气。此外，产酸不产气的发酵管也不一定是阴性结果，因其也可能延迟48 h才产气。这两种情况应视为可疑结果，应继续进行下面的实验，才能确定是否为大肠菌群。48 h后仍不产气的为阴性结果。

（2）平板分离。

平板培养基通常使用伊红美蓝琼脂（Eosin Methylene Blue Agar，EMB）或复红亚硫酸钠琼脂（远藤氏培养基，Endo’s Medium）。伊红美蓝琼脂平板含有伊红和美蓝染料，在此亦作为指示剂，大肠菌群发酵乳糖造成酸性环境时，该两种染料即结合成复合物，使大肠菌群产生带核心的、有金属光泽的深紫色菌落。复红亚硫酸钠琼脂含有碱性复红染料，也作为指示剂，它可被亚硫酸钠脱色，使培养基呈淡粉红色，大肠菌群发酵乳糖所产生的酸和乙醛与复红反应，形成深红色复合物，使菌落呈现带金属光泽的深红色。初发酵管24 h内产酸产气和48 h内产酸产气的均需在以上平板上划线分离。培养后，将符合大肠菌群菌落特征的菌落进行革兰氏染色，只有染色为革兰氏阴性、无芽孢杆菌的菌落，才是大肠菌群菌落。

（3）复发酵试验。

将以上证实为大肠菌群阳性的菌落，接种复发酵，其原理与初发酵相同，经24 h培养产酸又产气的，最后确定为大肠菌群阳性结果。根据确定有大肠菌群存在的初发酵管数目，查阅专用统计表，得出总大肠菌群指数。

2. 滤膜法

滤膜法（Membrane Filtration Test），又称薄膜过滤法、膜过滤法、浓缩法，是以微孔滤膜（一种多孔硝化纤维膜或乙酸纤维膜）过滤器过滤水样，使其中的微生物截留在滤膜上，并直接在滤膜上进行培养的微生物检验方法，可根据滤膜上生长的菌落数量推算出水样中所含的微生物数量。滤膜法是一种快速的替代方法，比多管发酵法省时、省事，且重复性好，能用于冲洗水、注射水、加工水和大体积水样的微生物分析，也可用于产品的微生物检查，还适用于各种条件下检测不同的菌群，如：选择0.45 μm孔径膜检测细菌总数和总大肠菌群；0.7 μm孔径膜检测粪便大肠杆菌；0.8 μm孔径膜检测酵母菌和霉菌。滤膜法不能用于悬浮物含量较高的水样，水中藻类含量较多时对实验结果有干扰，水中含有毒物也可能影响测定结果。

三、实验用品

1. 多管发酵法

(1)培养基：乳糖胆盐蛋白胨培养基、双倍或三倍乳糖胆盐蛋白胨培养基、伊红美蓝琼脂培养基、乳糖蛋白胨培养基。

(2)其他用品：载玻片、灭菌三角瓶、灭菌的具塞三角瓶、灭菌平皿、灭菌吸管、灭菌试管、显微镜、电热恒温培养箱等。

2. 滤膜法

(1)培养基：伊红美蓝琼脂培养基(或品红亚硫酸钠琼脂培养基)、乳糖蛋白胨半固体培养基。

(2)其他用品：显微镜、电热恒温培养箱、滤膜过滤系统、真空抽滤设备、载玻片、镊子、无菌水、灭菌吸管、试管、三角烧瓶、酒精灯等。

四、实验步骤

水中大肠杆菌数应设对照，以排除操作过程中的污染问题。

1. 水样的采集

同“水中细菌菌落总数的测定”的操作。

若初发酵与复发酵试验中的自来水样均为阴性反应，则说明操作过程中存在杂菌污染的可能性，请对照实验步骤分析无菌操作是否得当。

2. 多管发酵法测定自来水中大肠菌群数

(1)初发酵试验。

在2个含有50 mL三倍浓缩的乳糖蛋白胨发酵三角瓶中，各加入100 mL自来水样；在10支含5 mL三倍浓缩乳糖蛋白胨发酵管中，再分别加入10 mL水样。混匀后，37 ℃培养24 h；若24 h未产气，则再继续培养至48 h。

(2)平板分离试验。

将经24 h培养后产酸产气或仅产酸的发酵管中的菌液分别划线接种于伊红美蓝培养基(EMB培养基)平板上，37 ℃培养24 h。将出现以下3种特征的菌落进行涂片、革兰氏染色和镜检：①深紫黑色，具有金属光泽的菌落；②紫黑色，不带或略带金属光泽的菌落；

③淡紫红色，中心颜色较深的菌落。

(3)复发酵试验。

选择具有上述特征的菌落，经涂片、染色和镜检后，若为革兰氏阴性无芽孢杆菌，则用接种环挑取此菌落的一部分转接至含有乳糖蛋白胨培养基的发酵管中，经37 ℃培养24 h后观察试验结果。若产酸产气，即证实存在大肠菌群。

根据证实有大肠菌群存在的复发酵管的阳性管数，查表16-4或表16-5，报告每升水样中的大肠菌群数(MPN)。

对于清洁度不同的水样，取样量不同。若为污染水样，还需要适当地稀释，以获得理想的结果。

3. 多管发酵法用于水源水的检验

用于检验的水样量，应根据预计水源水的污染程度选用下列各量。

(1)严重污染水：1 mL，0.1 mL，0.01 mL，0.001 mL各1份。

(2)中度污染水：10 mL，1 mL，0.1 mL，0.01 mL各1份。

(3)轻度污染水：100 mL，10 mL，1 mL，0.1 mL各1份。

(4)大肠菌群变异不大的水源水：10 mL 10份。

操作步骤同生活用水或食品生产用水的检验。同时应注意，接种量为1mL及1mL以内者，用单倍乳糖胆盐发酵管；接种量为1mL以上者，应保证接种后发酵管(瓶)中的总液体量为单倍培养液量。然后根据证实有大肠菌群存在的阳性管(瓶)数，查表16-6、表16-7、表16-8或表16-9，报告每升水样中的大肠菌群数(MPN)。

表16-4 大肠菌群检索表(饮用水)

10 mL阳性管 \ 100 mL阳性管	0	1	2	备注
	每升水样中大肠菌群数			
0	<3	4	11	接种水样总量300 mL(100 mL2份，10 mL10份)
1	3	8	18	
2	7	13	27	
3	11	18	38	
4	14	24	52	
5	18	30	70	
6	22	36	92	
7	27	43	120	
8	31	51	161	
9	36	60	230	
10	40	69	>230	

表 16-5 大肠菌群数变异不大的饮用水

阳性管数	0	1	2	3
每升水样中大肠菌群数	<3	4	11	>18
备注	接种水样总量300 mL(3份100 mL)			

表 16-6 大肠菌群检索表(严重污染水)

接种水样量/mL				每升水样中大肠菌群数	备注
1	0.1	0.01	0.001		
−	−	−	−	<900	接种水样总量为(1 mL,0.1 mL,0.01 mL,0.001 mL各1份)
−	−	−	+	900	
−	−	+	−	900	
−	+	−	−	950	
−	−	+	+	1 800	
−	+	−	+	1 900	
−	+	+	−	2 200	
+	−	−	−	2 300	
−	+	+	+	2 800	
+	−	−	+	9 200	
+	−	+	−	9 400	
+	−	+	+	18 000	
+	+	−	−	23 000	
+	+	−	+	96 000	
+	+	+	−	238 000	
+	+	+	+	>238 000	

表 16-7 大肠菌群检索表(中度污染水)

接种水样量/mL				每升水样中大肠菌群数	备注
10	1	0.1	0.01		
−	−	−	+	<90	接种水样总量为(10 mL,1 mL,0.1 mL,0.01 mL各1份)
−	−	−	+	90	
−	−	+	−	90	
−	+	−	−	95	

续表

接种水样量/mL				每升水样中大肠菌群数	备注
10	1	0.1	0.01		
−	−	+	+	180	
−	+	−	+	190	
−	+	+	−	220	
+	−	−	−	230	
−	+	+	+	280	
+	−	−	+	920	
+	−	+	−	940	
+	−	+	+	1 800	
+	+	−	−	2 300	
+	+	−	+	9 600	
+	+	+	−	23 800	
+	+	+	+	>23 800	

表 16-8　大肠菌群检索表(轻度污染水)

接种水样量/mL				每升水样中大肠菌群数	备注
100	10	1	0.1		
−	−	−	+	<9	接种水样总量为(100 mL,10 mL,1 mL,0.1 mL各1份)
−	−	−	+	9	
−	−	+	−	9	
−	+	−	−	9.5	
−	−	+	+	18	
−	+	−	+	19	
−	+	+	−	22	
+	−	−	−	23	
−	+	+	+	28	
+	−	−	+	92	
+	−	+	−	94	
+	−	+	+	180	
+	+	−	−	230	
+	+	−	+	960	
+	+	+	−	2 380	
+	+	+	+	>2 380	

表 16-9 大肠菌群变异不大的水源水

阳性管数	0	1	2	3	4	5	6	7	8	9	10
每升水样中大肠菌群数	<10	11	22	36	51	69	92	120	160	230	>230
备注	接种水样总量 100 mL(10 mL 10份)										

4. 滤膜法(图 16-1)

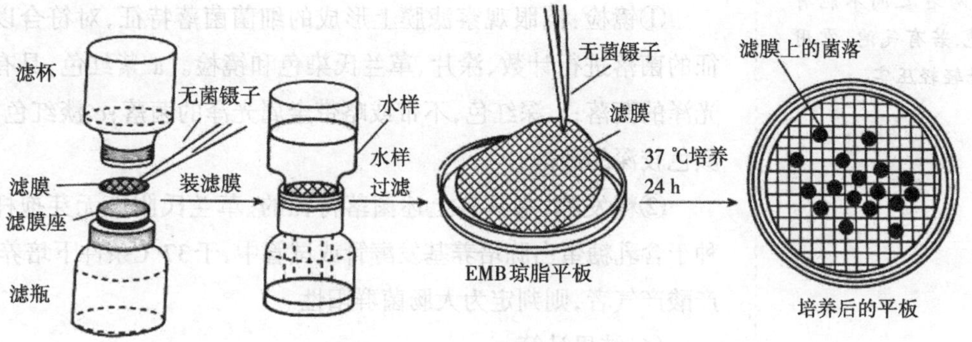

图 16-1 滤膜法示意图

(1)滤膜过滤器装置的灭菌与组装。

①如果采用无菌的滤膜和滤杯,则需要拆开包装,以无菌操作将滤膜和滤杯装于滤瓶上,组装好滤膜系统,并将其密封好,待检测时用。

②如果采用需要灭菌的滤膜(孔径为 0.45 μm)和滤杯,则将滤膜放入蒸馏水中,煮沸 15 min,换水洗涤 2~3 次,再煮,重复 3 次,以除去滤膜上的残留物,并清洗滤杯。然后将滤膜、滤杯分别用牛皮纸包扎,121 ℃灭菌 20 min,灭菌后再装于滤瓶上。

在组装滤膜过滤系统及检测大肠菌群数量时,需保证无菌操作。

(2)真空抽滤设备的安装。

将真空抽滤设备,如真空泵、抽滤水龙头或大号注射针筒等,连接于滤瓶的抽气管上。

(3)过滤水样。

加待测水样 100 mL 于滤杯中,启动真空抽滤设备,进行抽滤,水中的微生物被截留在滤膜上。水样抽滤完毕,加入等量的无菌水继续抽滤,以冲洗滤杯壁。

加入滤杯中的待检验水样的多少,以培养后长出的菌落数不多于 50 个为宜。一般清洁的深井水或经处理过的河水与湖水,可取样

采用滤膜法进行各类水样中总大肠菌群测定时,每片滤膜上长出的菌落数以 20~50 个为宜。因此,对于不同来源和不同水质特征的水样可考虑过滤一系列不同体积的水样,以便取得较好的实验结果。

注意无菌操作，滤膜截留细菌面向上，滤膜与培养基贴紧，两者之间不能有气泡，若有气泡，需用镊子轻轻压实。

300~500 mL；比较清洁的河水与湖水，可取样 10~100 mL；严重污染的水样，应先进行稀释，再抽滤。

(4)培养。

水样抽滤完毕，关闭真空泵，拆开滤膜过滤系统，用无菌镊子夹取滤膜边缘，将无菌面紧贴在EBM琼脂平板或品红亚硫酸钠琼脂培养基平板上，倒置于37 ℃条件下培养24 h。

(5)结果判定。

①镜检：肉眼观察滤膜上形成的细菌菌落特征，对符合以下特征的菌落进行计数、涂片、革兰氏染色和镜检。a.紫红色，具有金属光泽的菌落；b.深红色，不带或略带金属光泽的菌落；c.淡红色，中心颜色较深的菌落。

②糖发酵：将具有上述菌落特征的、革兰氏阴性无芽孢杆菌接种于含乳糖蛋白胨培养基发酵管或试管中，于37 ℃条件下培养24 h，产酸产气者，则判定为大肠菌群阳性。

(6)结果计算。

大肠菌群数/L＝滤膜上的大肠菌群菌落数×10

(7)实验后处理。

所有培养物和染菌器皿，灭菌或消毒后再清洗。

五、实验结果

根据所做的实验结果填写下表。

表16-10 总大肠菌群测定结果报告

大肠菌群菌落形态特征	
水样中的总大肠菌群/L	

六、思考题

1.伊红美蓝培养基含有哪几种主要成分？在检查大肠菌群实验中，各起什么作用？

2.试设计采用滤膜法检测普通河水中粪便大肠菌的实验方案。

3.过滤除菌是否能有效去除所有微生物？为什么？

4.试比较多管发酵法与滤膜法检测总大肠菌群的优缺点。

实验十七
野外水体中微生物数量的检测

水是生命之源,人类的生存离不开水,优质的水资源对人们的生活和社会生产起着至关重要的作用。对于水体的微生物学检查,在保证饮水安全和控制传染病上有着重要的意义,同时也是评价水质状况的重要指标。目前,水体微生物数量的测定方法有许多,可根据水样的不同来源、污染程度等,采取不同的检查方法,常用的检查方法有平皿培养法、PCR检测法、多管发酵法、滤膜法、测定管测定法等。本实验主要介绍利用测菌管检测野外水体中微生物的数量。

一、实验目的

1. 了解利用测菌管检测野外水体中微生物数量的原理。
2. 掌握应用测菌管检测野外水体中微生物数量的操作方法。
3. 通过该方法的学习,培养学生的创新意识。

二、实验原理

水体中微生物数量的常规分析方法是首先进行水样采集,然后将所采样品迅速送回实验室,再经过复杂的操作过程和一段时间的恒温培养,才能得到分析结果。然而,在对野外水体中微生物数量分布进行调查时,实际条件的限制往往给分析工作带来一定困难。近年来,已有公司推出了测菌管产品。实践证明,应用这种产品分析野外不同环境水体中的微生物数量是对水样中微生物常规分析方法的补充和更新,尤其适用于缺乏实验室条件时野外水体中微生物数量分布的调查研究。测菌管(Mikrocount Combi)由测菌片和塑料圆管组成。其中测菌片是由塑料薄板(7.7 cm×1.9 cm)作为培养基载体,在其两面分别附有适于一般细菌和真菌生长的无菌固体培养基(图17-1)。细菌生长培养基(外观呈黄色)中加有氧化还原指示剂2,3,5-三苯基四氮唑盐酸盐(2,3,5-triphenyltetrazolium Chloride,TTC),其接受H^+后形成非水溶性1,3,5-三苯基甲臜(1,3,5-triphenyl Formazan,TF)。真菌生长培养基(外观呈红色)中加有孟加拉红等细菌抑制剂。塑料薄板一端有一短柄,其上连有一螺旋盖子,测菌片置于该无菌塑料圆管中密封保存。此外,该产品还附有用以判别样品中微生物(细菌、酵母和霉菌)数量的标准对照图谱,在检测野外不同水环境水体中微生物数量时,只需将测菌片浸入水体中维持5~10 s，取出后经27~30 ℃培养(在春季、夏季或秋季也可以将测定管竖放在室内)1~3 d。根据测菌片培养基表面所形成的微生物菌落数，查阅该产品所附的标准对照图谱，即可知所测水体中微生物的数量。

三、实验用品

测菌管、恒温培养箱等。

四、实验步骤

1. 贴标签

将标签贴在测菌管盖子表面(注明时间、地点)。

2. 取测菌片

拧开测菌管的盖子，取出测菌片。

3. 浸测菌片

先迅速将测菌片浸入待检测的水体中(将测菌片上的培养基全部浸入水体)，并维持5~10 s，然后迅速将该测菌片放回塑料圆管中，最后拧紧盖子。

为了取得较准确的结果，在测菌片浸入水体时，应维持5~10 s，时间不宜过短或过长。

从水体中取出测菌片时，需要用无菌棉花吸去塑料薄板底部的水滴，并竖放培养。

4. 培养

将上述测菌管竖放在27~30 ℃恒温培养箱中培养1~3 d。在春季、夏季或秋季，可将测定管直接竖放在室内进行培养。

5. 结果观察

(1)细菌观察。

培养1~2 d后，观察测菌片黄色培养基面上的细菌菌落数(绝大多数细菌形成红色小点状菌落，偶然也有呈无色的小点状菌落)。

(2)真菌观察。

培养3 d后，观察测菌片红色培养基面上的酵母菌或霉菌菌落数。

6. 查阅标准对照图谱

将实验结果与该产品所附的标准对照图谱进行比较，以判断所检水体中微生物的数量，进而了解该水体中微生物污染的程度。

五、实验结果

1.将上述观察结果记录在下表中。

表 17-1 不同水体中微生物菌落数量测定结果

水样序号	测定地点	细菌/(CFU/mL)	酵母菌/(CFU/mL)	霉菌(轻度、中度、重度)
1				
2				
3				

2.拍摄并描述测菌片黄色和红色培养基表面上微生物菌落的生长特征。

六、思考题

采用测菌管检测野外水体中微生物数量方法的优点是什么?

七、附录

细菌、霉菌和酵母菌标准图谱

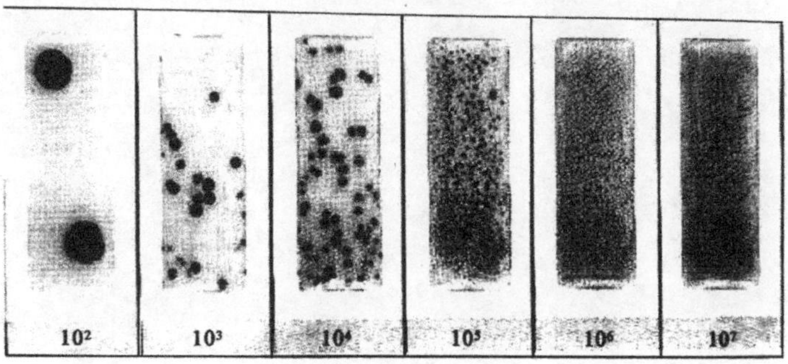

图 17-1 细菌标准图谱

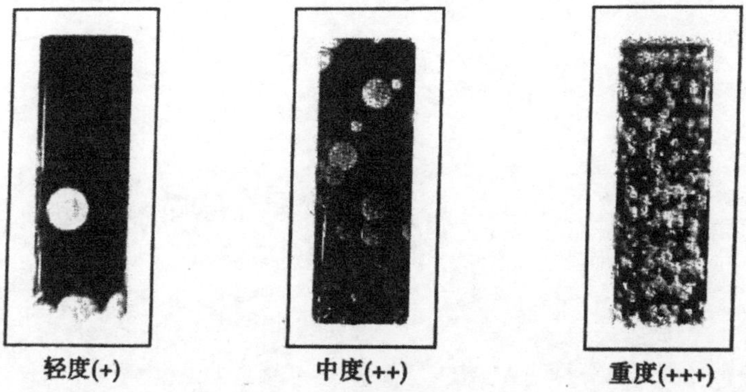

图 17-2 霉菌标准图谱

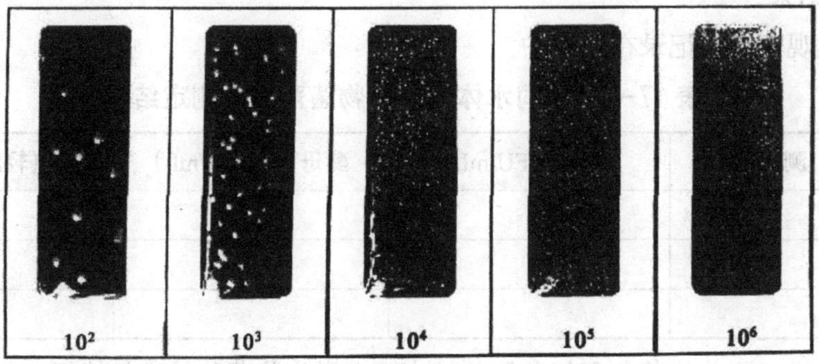

图 17-3　酵母菌标准图谱

实验十八

水产饲料霉菌总数的测定

霉菌是指在自然界中广泛存在的丝状真菌的统称，在分类上分别属于真菌门的子囊菌纲、藻状菌纲和半知菌纲。由于饲料中含有丰富的营养物质，是微生物生长的天然培养基，而霉菌孢子可以较长时间存活于空气中并能通过空气传播给其他物质，因此不管饲料的品种、饲料存放的条件、饲料存放期限等方面有多大的不同，都极易受到霉菌的污染。饲料一旦霉变，不仅其营养价值会降低，适口性会破坏，而且某些霉菌代谢产生的霉菌毒素还会直接危害动物和人类的健康，甚至导致死亡。

一、实验目的

1. 掌握水产饲料霉菌总数检测的方法。

2. 了解检测水产饲料霉菌总数检测的原理及应用。

二、实验原理

水产饲料微生物学检验是饲料品质控制的一个重要方面。正常条件下，饲料中微生物数量有限，但当饲料因加工不当、贮藏不善或因意外事故受到微生物污染时，微生物数量会大幅度提高，并会有致病性微生物出现。饲料中常见的微生物主要包括霉菌和细菌。霉菌毒素对动物具有强烈的毒害作用，直接检测饲料中的霉菌毒素具有重要意义，但由于霉菌毒素种类繁杂多样，检测过程比较麻烦，有些霉菌毒素还没有理想的检测方法，甚至在某些霉变饲料中现在还根本不清楚存在哪些霉菌毒素，所以检测饲料霉菌污染程度即霉菌总数就显得非常必要。霉菌毒素是霉菌的有毒代谢产物，饲料霉菌总数越高，饲料受霉菌毒素污染的可能性就越大，同时，考虑到饲料霉变的其他危害，因此，在监测饲料质量及评价其饲用价值时，检测饲料霉菌总数十分重要。测定水产饲料霉菌总数的方法可以参考国家标准《饲料中霉菌总数测定方法(GB/T13092-2006)》，根据霉菌生理特性，选择适宜于霉菌生长而不适宜于细菌生长的培养基，采用混合平板计数法，测定霉菌数。

三、实验用品

1. 培养基：查氏(或察氏)培养基。

2.其他用品:0.85%生理盐水、分析天平、培养箱、高压灭菌锅、干燥箱、水浴锅、振荡器、混合器、电炉、酒精灯、接种棒、温度计、载玻片、盖玻片、乳钵、试管架、玻璃三角瓶、具塞试管、培养皿、吸管、玻璃珠、广口瓶、金属勺(刀)、橡皮乳头等。

四、实验步骤

1. 样品采集

以无菌操作取有代表性的饲料样品盛于灭菌容器内。如有包装,则用75%乙醇在包装开口处擦拭后取样。

2. 样品检测

每次稀释前一定要将霉菌孢子彻底分散开。

(1)以无菌操作称取饲料样品25 g(或25 mL)放入含有225 mL灭菌稀释液的具塞三角瓶中,置于振荡器上,振摇30 min,即为1:10的稀释液。

(2)用灭菌吸管吸取1:10稀释液1 mL,注入带玻璃珠的试管中,置于微型混合器上混合3 min,或注入试管中,另用带橡皮乳头的1 mL灭菌吸管反复吹吸50次,使霉菌孢子分散开。

(3)取1:10稀释液1 mL,注入含有9 mL灭菌稀释液试管中,另换一支吸管吹吸5次,此液为1:100稀释液。

(4)按上述操作顺序作10倍递增稀释液,每稀释一次,换用一支1 mL灭菌吸管,根据对样品污染情况的估计,选择3个合适稀释度,分别在作10倍稀释的同时,吸取1 mL稀释液于灭菌平皿中,每个稀释度作2个平皿,然后将凉至45 ℃左右的高盐查氏培养基注入平皿中,每皿15 mL左右,充分混合,待琼脂凝固后,倒置于25~28 ℃温箱中,培养3 d后开始观察,应培养观察1周。

3. 结果记录

(1)通常选择菌落数在10~100个之间的平皿进行计数,同稀释度的2个平皿的菌落平均数乘以稀释倍数,即为每克(或每毫升)检样中所含霉菌数。

(2)稀释度选择和霉菌总数按表18-1形式表示。

表18-1 稀释度选择和霉菌总数报告方式

例次	稀释度及霉菌数			稀释度选择	两稀释液之比	霉菌总数/(CFU/g)	报告方式
	10^{-1}	10^{-2}	10^{-3}				
1	多不可计	80	8	选10~100之间	-	8 000	8.0×10^3
2	多不可计	87	12	均在10~100之间,比值≤2取平均值	1.4	10 350	1.0×10^4
3	多不可计	95	20	均在10~100之间,比值>2取较小值	2.1	9 500	9.5×10^3
4	多不可计	多不可计	110	均>100取稀释度最高的数	-	11 000	1.1×10^4
5	9	2	0	均<10取稀释度最低的数	-	90	90
6	0	0	0	均无菌落生长,以<1乘以最低稀释度	-	<1×10	<10
7	多不可计	102	3	均不在10~100之间,取最接近10或者100的倍数	-	10 200	1.0×10^4

五、实验结果

记录并报告水产饲料中的霉菌总数,并描述典型的霉菌菌落特征。

六、思考题

1.当你的平板上长出的菌落不是均匀分散的,而是集中在一起的,你认为问题出在哪里?

2.怎样判断混合平板法计数结果是否可靠?

实验十九

水产品或水中弧菌的分离与检测

弧菌是一类重要的食源性致病菌，广泛分布于水生环境或水产品中，是水产养殖动物弧菌病的病原体，也能引起人体肠道疾病、伤口感染和败血症等病症。随着水产养殖产量和养殖密度的增加，水域环境日益恶化，水产动物病害频发。因此，了解水产品或所测水样中弧菌总数和菌群分布情况，对确保水产品或该水域的安全及水产养殖的安全具有重要意义。本实验采用鉴别培养基分离检测水产品或水体中的弧菌。

一、实验目的

1. 了解鉴别培养基的原理和应用。

2. 掌握应用鉴别培养基进行水产品或水中弧菌分离与检测的方法。

二、实验原理

弧菌是一类革兰氏阴性细菌，化能异养、兼性厌氧，细胞呈短杆状、弯曲状、S形或螺旋形等多种形态；大部分弧菌都靠鞭毛运动，多为单端极生鞭毛，但也有一端可见多根鞭毛的现象，如费氏弧菌（*Vibrio Fischeri*）。截至2016年，弧菌属共发现126个种和2个亚种，其中近百种弧菌为水生环境土著细菌，国内外公认的致病性弧菌约有20种。其中，溶藻弧菌（*V. Alginolyticus*）、副溶血弧菌（*V. Parahaemolyticus*）、霍乱弧菌（*V. Cholerae*）、创伤弧菌（*V. Vulnificus*）等最为常见，均可感染鱼类、甲壳类、贝类等多种水产动物，能引起鱼类体表出血、皮肤溃疡、肠炎以及对虾的红腿、肠炎等症状。

鉴别培养基是一类在成分中加有能与目的菌的无色代谢产物发生显色反应的指示剂，从而达到只需用肉眼辨别颜色就能方便地从近似菌落中找出目的菌落的培养基。硫代硫酸柠檬酸胆盐蔗糖（TCBS）培养基是一种鉴别培养基，在该培养基上，能发酵蔗糖产酸的弧菌菌落呈黄色，如霍乱弧菌和溶藻弧菌；不能发酵蔗糖产酸的弧菌菌落呈绿色，如创伤弧菌和副溶血弧菌。

三、实验用品

1. 培养基：TCBS固体培养基。

2. 其他用品：待测样品、75%酒精棉球、无菌生理盐水、接种环、解剖刀、剪刀、镊子、巴氏吸管、纱布、白瓷盘、灭菌试管、培养皿（直径9 cm）、三角锥形瓶、玻璃珠、酒精灯、记号笔、放大镜、菌落计数器、无菌移液管、恒温培养箱、超净工作台、高压蒸汽灭菌锅、无菌匀质器、电炉等。

四、实验步骤

1. 样品的采集、保藏和制备

（1）水样。

可直接用无菌采样瓶进行采样，并速送回实验室测定。测水样时直接取100 mL以上的水样即可。

（2）水产样品。

根据样品的种类，如袋、瓶或罐装者，取完整的未开封的。如果样品是冷冻品，应保持在冷冻状态（可放在冰内、冰箱的冰盒内或低温冰箱中保存），非冷冻品需在0~5 ℃环境下保存。待检样品必须及时进行检验操作。采样时，先将待检水产样品表面进行冲洗和消毒，然后用灭菌的解剖刀或剪刀切取所需的待检样部分（鱼类取背肌和腹肌各25 g混合；贝类随机取200 g；虾类取200 g；藻类取25 g；沉积物取25 g），再将上述固体检样取25 g，装入无菌均质袋中，最后加入225 mL无菌生理盐水用无菌均质器匀浆制成待测水样。

2. 样品稀释

取3~4支无菌试管，依次编号为10^{-1}、10^{-2}、10^{-3}（或10^{-4}），然后以无菌操作在上述每支试管中加入9 mL灭菌陈海水。接着吸取1 mL待测水样加入10^{-1}试管内混匀，另取1 mL无菌移液管从10^{-1}试管中吸取1 mL水样至10^{-2}试管中，如此稀释至10^{-3}或10^{-4}管内。

3. 接种与培养

将所需稀释度的水样各取1 mL加入无菌培养皿中（每个水样重复2个培养皿），然后在每个上述培养皿内各加入约15 mL已融化并冷却至45~50 ℃的TCBS培养基，并轻轻旋转摇动，使稀释水样与培养基充分混匀。待平板完全凝固后，倒置于28 ℃恒温培养箱中培养18~20 h。

水样采集后，应速送回实验室测定。若来不及测定，应存放于4 ℃冰箱中。若无低温保藏条件，应在报告中注明水样采集与测定的间隔时间。

水产样品的化冻：冷冻品化冻时，需放置在细菌生长温度之下，以免使细菌繁殖；冷藏的样品应尽快放在冷藏温度下解冻，或放在适宜温度（如37 ℃），15 min使其解冻。

稀释倍数视待测样品污染程度而定，一般取在平板上能长出30~300个菌落的稀释倍数为宜。

4. 菌落计数

将培养好的平板取出，用肉眼或放大镜观察，计算每个平板出现的绿色、蓝绿色和黄色菌落的数量，最后按平板菌落计数法计算出待测样品中各种弧菌的总数量。

五、实验结果

将各水产样品测定平板中弧菌菌落的计数结果记录在下表中，并计算结果。

表 19-1　水产样品弧菌总数测定结果

样品种类	稀释度	菌落数		菌落平均值	各种弧菌总数/[CFU/mL(g)]

六、思考题

根据国家规定标准，评判所测水产品和水样的质量。

实验二十

光合细菌的富集培养与分离

光合细菌(*Photosynthesis Bacteria*,PSB)是一类以光为能源,能以自然界中有机物、硫化物等为营养,并能进行光合作用的微生物,可将养殖池底由鱼虾排泄物、食物残饵产生的氨、氮等有毒物质有效降解,对养殖水体的水质净化效果显著。光合细菌富含蛋白质、维生素等,营养价值高,可以为水产动物幼苗提供开口饵料或作为其饵料动物的饵料,如轮虫、卤虫等浮游动物的饵料,间接促进水产动物生长。光合细菌在水产养殖中应用广泛,并且其广泛分布于各种水体及污泥中,菌种来源较广。掌握从自然环境中对光合细菌进行富集培养与分离技术,能有效降低生产成本。

一、实验目的

学习并掌握从池塘底泥中采样、富集培养、分离、纯化和保存光合细菌的操作方法。

二、实验原理

不同细菌对不同的环境条件有不同的适应能力,通过控制实验环境中的理化因子,利用生理特性上的差异,选择性地使所需的光合细菌生长,而抑制其余细菌的增殖。

三、实验用品

1. 菌源:养鱼池塘的底泥。

2. 培养基:光合细菌富集及扩大培养基、光合细菌分离培养基。

3. 其他用品:无菌水、0.05%抗坏血酸溶液、厌氧光合细菌培养装置、采泥器、玻璃圆筒标本缸、试管、玻璃棒、无菌培养皿、移液管、玻璃涂棒、接种环、中性笔、标签纸等。

四、实验步骤

1. 采样

用采泥器采集养鱼池塘底泥，用无菌铲子直接取生长有光合细菌的底泥50~100 g，装在透明的玻璃圆筒标本缸内，带回实验室。采样时记录地点、日期、水温、pH、有无H_2S等气味。

2. 样品富集培养

将10 mL灭菌后的富集培养基倒入试管中，与1 g底泥搅拌均匀，加入0.5 cm高灭菌的液体石蜡以隔绝空气。置于温度为28~32 ℃、光照3 000~4 000 lx的条件下培养5~7 d，数天后，试管内各种微生物均生长起来。由于发酵型细菌、硫酸盐还原细菌增殖，水层中积累了CO_2和H_2S，满足了光合细菌的营养来源，于是光合细菌大量繁殖，由于厌氧、光照条件的控制，试管内壁上出现红色菌落状菌团。取菌膜及富集液转接入另一装有富集培养基的10 mL试管中培养，接种量为5%~10%，如此转接4~5次。

3. 分离纯化

(1)将已融化并冷却至45~50 ℃的分离培养基倾倒平板。

(2)用已经过滤并除菌的0.05%抗坏血酸溶液对富集培养的光合细菌菌悬液进行适当稀释。

(3)以划线分离法或涂布分离法将稀释的光合细菌菌悬液在平板上进行分离，放置暗处2~3 h(需2~3 h后培养皿内才达到厌氧状态)，然后依次放入厌氧光合装置中，培养温度为28~32 ℃，光照强度为2 000~3 000 lx，直至长出红色单菌落。

(4)镜检无杂菌后挑取红色单菌落至10 mL富集培养基中培养，再逐步扩大培养。

(5)菌种的保存。

①液体菌种自然条件下保存：将培养好的光合细菌菌液置于室内自然条件下，每隔2个月取样1次，接种于液体培养基中，通过培养时间及外观变化考察其存活状况。

②液体菌种蜡封保存：用15 mm×150 mm试管装入约30 mm高的光合细菌菌液，上面覆盖1层约20 mm高的无菌混合石蜡，然后置于干燥器中，每隔2个月取1次样，通过菌数、感观指标和pH等，考察其活性变化。

③穿刺物蜡封保存试验：挑选培养好的、生长丰满的穿刺培养物，在琼脂柱上覆盖一层20 mm厚的无菌混合石蜡，胶塞上封一层固体石蜡，置于干燥器或冰箱中保存，每隔2个月取1次样，挑出琼脂柱中的穿刺培养物，接种于培养基中进行培养，同时以不做蜡封的穿刺菌种做对照，考察其存活状况。

五、实验结果

描述所分离的光合细菌的菌落特征。

六、思考题

1. 记录光合细菌富集培养、分离中观察到的现象,并分析产生原因,总结实验成败的原因。

2. 光合细菌在生理学方面有何特点?

实验二十一

海洋放线菌的分离与培养

海洋占地球表面约71%,具有极其丰富的生物资源,海洋放线菌就是其中一种非常重要的微生物资源。放线菌有多种代谢产物,很多代谢产物在食品、医药、农业等领域中有着巨大的效益。在已发现的抗生素中,约有80%都来自放线菌。与其他放线菌相比,海洋放线菌因为海洋独特的生存环境,如高压、低温、低光照和不同的盐度、氧浓度等,其次生代谢产物较为特别。而且,放线菌是高含量G+C的革兰氏阳性细菌,因此以富产活性次生代谢产物而著名。近些年来,海洋环境中发现了越来越多的放线菌和其活性产物,它成为新的抗菌、抗肿瘤活性物质和新药开发的重要来源。本实验将采用涂布平板法从海洋沉积物样品中分离放线菌。

一、实验目的

1. 掌握从海洋中分离、纯化放线菌的方法和操作步骤。
2. 掌握培养基的配制方法和放线菌的培养方法。
3. 了解海洋放线菌的分离与陆生放线菌的独特之处。

二、实验原理

海洋中的放线菌多半是来自土壤或生存在漂浮于海面的藻体上。从海洋和淡水环境中可以分离到嗜酸性和嗜碱性的菌种。由于海洋环境的特殊性,很多放线菌是不能被分离培养的。分离海洋中的放线菌,为了能获得一些稀有放线菌和更好地抑制细菌或真菌的生长,一般会选择用一些物理方法或添加化学物质对样品进行预处理。因为放线菌在细菌中属于革兰氏阳性菌的一类,又以孢子的方式进行萌发,所以它的细胞壁比较厚,孢子耐热、耐干燥。而通常细菌的细胞壁比放线菌的细胞壁薄,耐热、耐干燥的能力比放线菌弱,当处于热和干燥的环境中容易发生细胞质壁分离而导致生命力丧失。样品在55 ℃条件下处理6 min可以在一定程度上抑制细菌的生长,对放线菌的孢子萌发有促进作用。

在分离放线菌时,需要解决的问题之一是要打破团粒结构。所谓团粒结构,就是菌丝在生长过程中会与环境中的其他样品缠绕在一起。打破团粒结构,才能进行放线菌的分离。在对海底沉积物进行预处理时,差速离心分散比振荡分散的效果更好。海洋环境和陆生环境有很大区别，其中很重要的一点是渗透压的差异。渗透压的变化可能会不利于海洋放线菌的生长，为了可以分离出更多的海洋放线菌，在配制培养基时，用海水配制是一个好的选择。培养基的成分和配比对分离放线菌的效果影响很大。放线菌偏好的碳源有淀粉、棉籽糖等，在培养基中，低比例的营养成分可以分离到更多的海洋放线菌，而必需的无机离子需要有较高的比例，如K^+、P^+等，这对放线菌的生长更有利。

三、实验用品

1.材料：海洋沉积物样品。

2.药品和试剂：可溶性淀粉、干酪素、KNO_3、K_2HPO_4、$MgSO_4 \cdot 7H_2O$、$FeSO_4 \cdot 7H_2O$、NaCl、$CaCl_2$、KCl、纯海水、萘啶酮酸、制霉菌素、琼脂、盐酸、氢氧化钠。

3.其他用品：pH试纸、无菌培养皿、水浴锅、离心机、量筒、容量瓶、移液枪、标签纸、小玻璃珠、培养箱、蒸汽灭菌锅、超净工作台、电子天平等。

四、实验步骤

实验过程中要做好标记和实验记录。因为放线菌培养过程长，操作时要严格遵守无菌操作，防止被其他菌污染。

1. 海洋放线菌的分离和培养

(1)样品采集。

从海域浅滩采集海洋沉积物样品(如海泥)或海水样品。海泥样本选择质地细腻、无沙粒的黑色淤泥，海水样本选择沿海排污口处的水样。采集瓶事先经过灭菌，采集后用冰袋控制温度迅速带回实验室置于4 ℃冰箱中保存备用。采集回来的样品要尽快接种。

(2)样品预处理。

以无菌操作称取10 g海洋沉积物样品于55 ℃水浴锅中处理6 min(若为海泥，此步可省略)；将样品加入90 mL1/4无菌林格氏溶液稀释液中(其中放有玻璃珠)；在150 r/min转速下振荡20 min后，放置30 min，取上清液；把上清液逐级稀释至10^{-3}。

(3)涂布和培养。

取100 μL稀释后的溶液涂布于分离放线菌培养基(M1)平板上，设3个重复，于28 ℃条件下培养7 d。

培养基(M1和M2)要调到规定的pH。(下同)

同上。

2. 平板菌落计数

分别在第8 d、9 d、10 d进行菌落计数，记录3个平板的菌落数，然后取平均值。

3. 培养及菌种保存

根据培养皿中菌落之间的差异和有无色素等特征，对差异大的菌落进行划线，得到纯化菌株。然后接种到培养放线菌培养基（M2）上培养3 d。若要保存菌种，可用0.85% NaCl溶液和15%甘油配成的溶液5 mL把菌苔洗下，得到菌悬液，每一种菌同时做3个重复保存于-80 ℃环境中。

五、实验结果

1.将放线菌菌落计数结果记录在下表中。

表21-1　海底沉积物稀释液的放线菌菌落计数结果

时间/d	8				9				10			
重复	1	2	3	平均	1	2	3	平均	1	2	3	平均
菌落数												

2.观察分离获得的放线菌菌落，并描述其菌落的大小、表面形状（呈崎岖、皱褶、平滑）、气生菌丝体的形状（绒状、粉状、茸毛状）、有无同心环以及菌落颜色等特征。

3.将分离获得的放线菌用显微镜镜观察其菌丝的形态特征（包括菌丝是否分枝、横隔有无、孢子丝的形态和着生方式等），并以生物绘图的方式绘制下来，或用显微摄影技术记录下来。

六、思考题

1.分离海洋放线菌时，为什么要对样品进行预处理？

2.陆生土壤放线菌的分离和海洋放线菌分离有什么差异？

3.海洋放线菌分离时杂菌指的是什么？该怎么抑制它们的生长？

4.综合来看，为了提高海洋放线菌的分离效果，该从哪几个方面来考虑？

实验二十二

斑节对虾杆状病毒压片显微镜检查法

斑节对虾杆状病毒病在东亚、东南亚、印度次大陆、中东、澳大利亚、印度尼西亚、东非、马达加斯加等地的养殖和野生虾中广泛分布。病原是斑节对虾杆状病毒(Penaeus monodon-type baculovirus,MBV),可感染对虾属、明对虾属、囊对虾属和沟对虾属的多种对虾。病毒分布地区流行和感染都比较严重,幼虾和成虾携带病毒率高达50%~100%,是宿主虾的幼体、仔虾和早期幼虾的潜在严重病原。因此,学习斑节对虾杆状病毒压片显微镜检查法,对于识别该类疾病的组织病变特征、发病规律以及有效控制等方面具有基础性作用。

一、实验目的

1.了解几种不同的斑节对虾杆状病毒压片显微镜检查法实验原理。

2.掌握应用压片法对斑节对虾是否感染对虾杆状病毒进行初步诊断的技术。

二、实验原理

斑节对虾肝胰腺、中肠等组织的上皮细胞核肿大,染色质浓缩成团块,核内充斥着有单个或多个包涵体,使染色质减少并向边缘迁移,核仁边移,且浓缩成高电子密度团块,有时碎裂成几个小块;核内也可通过出现病毒发生基质逐渐形成核内包涵体;粪便中MBV包涵体常成团聚集,并被核膜包裹着。以上病变通过显微镜观察、孔雀石绿染色观察、焰红染液染色观察、石蜡包埋切片后的HE染色观察等方式进行组织病理学检查,根据斑节对虾杆状病毒病的发病特征判断检测样品的具体发病情况。

三、实验用品

1.材料:疑似感染MBV的斑节对虾样品。

2.染色液和试剂:Bouin氏液[苦味酸饱和液(1.22%):福尔马林:冰醋酸=15∶5∶1]、0.05%孔雀石绿染料、1%焰红贮存液、HE染色试剂类(二甲苯、乙醇、苏木精染液、1%盐酸乙醇、0.5%曙红染液)。

3.其他用品:发滤光片(波长为450~490 nm)、载玻片、盖玻片、医用镊子、解剖刀、水族箱、玻璃试管、吸水纸、塑料虹吸管并接有一段吸管尖头等。

保证斑节对虾的活体状态，避免因死亡过久导致其他病原细菌的污染，影响制片检查结果。

四、实验步骤

1. 外观症状观察及样品准备

(1)待检活体样品。

暂养于实验室水族箱中，首先进行外观症状及解剖观察，通常病虾体色晦暗、头胸甲及腹部甲壳背面常有一层土黄色黏着物覆盖，甲壳及尾扇发红，头胸甲及腹部侧面有白斑，鳃水肿、糜烂，呈茶褐色，肝胰腺呈白色或淡黄色，缺乏弹性，胃肠空，肠发黄。

(2)组织样品。

幼体取整体，仔虾取头胸部，幼虾和成虾取小块肝胰腺。

(3)粪便样品。

将幼虾或成虾暂养于水族箱，直至水族箱底部出现粪便；用干净的塑料虹吸管吸取排泄物，注入玻璃试管中。

2. 压片制备

(1)直接压片法。

将组织或粪便样品置于载玻片上，用解剖刀将样品切碎，盖上盖玻片，用普通显微镜调小光圈观察或用相差显微镜观察。

(2)压片孔雀石绿染色法。

将组织或粪便样品置于载玻片上，用解剖刀将样品切碎，滴加1~2滴0.05%孔雀石绿染液，混匀染色2~4 min，盖上盖玻片，用吸水纸吸取多余的液体，将制备好的压片置于普通光学显微镜下观察。

(3)压片焰红染色法。

将组织或粪便样品置于载玻片上，用解剖刀将样品切碎，滴加1~2滴1%焰红染液，混匀染色2~4 min，盖上盖玻片，用吸水纸吸取多余的液体，将制备好的压片置于普通光学显微镜下观察。

3. 石蜡包埋下的HE染色法

作为包埋组织用的石蜡，其包埋效果受组织的硬度等因素的影响，过硬的组织应当选择硬度较高的石蜡包埋，相反，软组织则以硬度较低的石蜡包埋。

(1)组织器官处理。

取病虾和濒死虾的肝胰腺、鳃组织、胃肠、淋巴器官、触角腺和心脏等组织器官，个体较小者取整个头胸甲部分，一般厚度不超过2 mm。

(2)石蜡包埋。

①固定：用Bouin氏液固定组织样品6~12 h后放入75%乙醇中1 h以上，可4 ℃下长期保存。

②脱水：从75%乙醇中取出样品后进行逐级脱水，依次在80%、90%、100%（Ⅰ）乙醇中脱水30 min，再转至100%（Ⅱ）乙醇中脱水15 min。

③透明：乙醇+二甲苯（1:1）、二甲苯（Ⅰ）、二甲苯（Ⅱ）各10 min左右。

④浸蜡：二甲苯+石蜡（1:1）2 h、石蜡（Ⅰ）1 h、石蜡（Ⅱ）2 h。

⑤包埋切片：在冰盒上进行，将融好的纯蜡倒入蜡盒，待充分凝固后用石蜡切片机进行常规石蜡切片，过程包括修、切、展、贴、烤（烤片55~60 ℃），切片厚度5~6 μm。

（3）HE染色

①二甲苯（Ⅰ）、二甲苯（Ⅱ）脱蜡5~10 min。

② 95%乙醇（Ⅰ）、95%乙醇（Ⅱ）1~3 min；80%乙醇、蒸馏水各1 min。

③苏木精染液5~15 min后流水稍洗1~3 s；1%盐酸乙醇1~3 s；流水冲洗20~30 min；蒸馏水过洗1~2 s；0.5%曙红液染色1~3 min，蒸馏水稍洗1~2 s。

④ 80%乙醇稍洗1~2 s，95%乙醇（Ⅰ）2~3 s，95%乙醇（Ⅱ）3~5 s，无水乙醇（Ⅰ）和（Ⅱ）各5~10 min。

⑤二甲苯（Ⅰ）、二甲苯（Ⅱ）、二甲苯（Ⅲ）各3~5 min。

⑥中性树胶封固，置于普通光学显微镜下观察。

本实验主要涉及组织等样品的染色制片，需注意把控染色及洗脱时间，避免着色过深或过浅等影响观察，保证制备出的载玻片样品的质量。

4. 结果判定

（1）直接压片法。

显微镜下可观察到受MBV感染的对虾肝胰腺细胞核肿大，核内有单个或多个折射率高的球形包涵体，单个包涵体直径为0.1~20 μm。受MBV感染的对虾粪便压片可观察到带折光性的近球形的包涵体，大小约20 μm，在新鲜粪便中，MBV包涵体常成团聚集，并被核膜包裹着。

（2）压片孔雀石绿染色法。

可观察到包涵体着色发绿，与正常的细胞核、核仁、分泌颗粒或吞噬溶酶体及脂肪滴等其他球形体相比，包涵体着色更深。

（3）压片焰红染色法。

在荧光显微镜下观察可见到在浅绿色的背景中，核型多角体的包涵体呈明亮的黄绿色荧光，而组织中的其他成分没有荧光。

(4)HE染色法。

细胞核膨胀、变形、被苏木精浓染，或细胞核缺乏染色质和核仁等正常结构，显示出空泡或被苏木精淡染。鳃组织中的鳃腔肿胀，呼吸上皮增厚，鳃上皮细胞和结缔组织中出现大量成堆或分散的肥大变性核，严重时会导致细胞破裂、坏死。胃上皮细胞坏死崩解，呈无层次结构，上皮细胞和黏膜下层结缔组织细胞核肥大，被苏木精浓染。肠黏膜层肥厚，上皮细胞核肥大，核边缘被苏木精浓染，或核膨胀呈空泡状、显示染色质和核仁消失，黏膜下层结缔组织肿胀，有大量的变性细胞，黏膜肌层坏死。淋巴器官异常，鞘结构消失，细胞核肥大或空泡。触角腺细胞排列混乱，界限不清，细胞核被苏木精浓染。疏松结缔组织细胞核膨大，为正常细胞核的3~4倍。肝胰腺浆膜细胞核肥大，被苏木精浓染，上皮细胞则表现为空泡变性，细胞质着色较浅或不着色，分泌小管周围血细胞浸润，上皮细胞与基底膜分离等。心脏组织细胞核可能出现肥大。以上症状属于典型的病变特征，根据斑节对虾杆状病毒侵染程度的差异，病变特征也可能部分显现。

五、思考题

1. 斑节对虾除对杆状病毒易感外，还受其他哪些病毒病原的威胁，各自的病理变化特征如何？

2. 组织压片显微镜检查法简便、实用、易操作，在对虾杆状病毒病的早期诊断和检疫上可作为重要的参考指标。随着分子生物学和血清学技术的发展，检测方法越来越多样。请你列举出几种对虾杆状病毒检测的方法，并分析各方法的特点。

实验二十三

草鱼呼肠孤病毒的分离与鉴定

草鱼养殖作为中国养殖产量最高的渔业产业，长期以来为满足人类的蛋白食品需求提供了重要来源，并在淡水养殖总产量持续增长的背景下稳居首位。然而，自20世纪80年代首次分离发现草鱼呼肠孤病毒（GCRV）以来，由该病原引起的草鱼出血症给草鱼养殖业造成了巨大的经济损失，尤其是在草鱼苗到成鱼养殖期间极易发病，其严重发病时，死亡率高达90%以上。因此，做好病毒性草鱼出血病的研究对于保证草鱼养殖业的稳定发展具有重要意义。

GCRV的分离与鉴定是一项基础性工作，对于进一步掌握病毒的特征、致病机制、疾病调查和防控均具有基础性意义。同时，对其他水产动物病毒性疾病的调查研究也具有一定的借鉴意义。

一、实验目的

1. 了解草鱼出血病的基本症状、临床诊断、发病规律和流行情况。
2. 学习并掌握GCRV的主要特征及分离鉴定方法。

二、实验原理

GCRV属于双链RNA病毒，从属于呼肠孤病毒科，水生呼肠孤病毒属。GCRV可在多种草鱼细胞系中进行体外培养，如草鱼肾细胞（CIK）、草鱼鳍条细胞（CF）、草鱼鳔细胞（GSB）、草鱼卵巢细胞（GCO）和草鱼囊胚细胞（GCB）等，使宿主细胞产生凋亡等一系列细胞病变效应。GCRV可在草鱼细胞质内以全保留的复制方式进行快速繁殖，当感染12~16 h后，装配成熟的GCRV病毒粒子在细胞内以晶格状排列，最终通过细胞病变的裂解作用释放出成熟的病毒粒子。便捷的病毒检测方法主要有RT-PCR检测法和直接电泳检测病毒核酸法，前者利用合成的病毒引物对分离的RNA样品进行反转录和PCR扩增反应，进一步通过凝胶电泳后的成像分析，并根据目的片段是否产生来判断原始样品鱼是否感染GCRV；后者主要根据病毒直接电泳的条带特征进行判断。

保证细胞无污染，试剂配制、器材消毒管理、细胞培养、样品处理等整个过程需在无菌环境下按规范严谨操作，防止因细菌、霉菌等的污染，影响统计结果。

三、实验用品

1. 细胞

草鱼肾细胞系。

2. 试剂

(1)细胞培养类：PBS缓冲液，细胞胰蛋白酶消化液，双抗(青霉素1 000 IU/mL、链霉素1 000 IU/mL)，胎牛血清，细胞培养液MEM/M199。

(2)PCR检测：RNA提取和反转录用的试剂或试剂盒、病毒扩增引物(可自行设计后由生物公司合成，也可参照文献中的引物设计合成，如行业标准中SN/T3584-2013的引物序列)、琼脂糖凝胶电泳相关试剂及核酸染料、DNA Marker、Loading Buffer。

3. 其他用品

(1)病鱼诊断及样品采集：超净工作台、解剖盘、剪刀、镊子、酒精棉球、离心管等。

(2)细胞培养：细胞CO_2培养箱、显微镜、离心机、移液器、细胞培养瓶、96孔板等。

(3)PCR检测：普通PCR扩增仪、凝胶电泳仪、成像系统等。

四、实验步骤

1. 病原体与流行情况的初步判断

草鱼呼肠孤病毒是草鱼出血病的病原。高发感染阶段为草鱼苗到Ⅰ龄鱼养殖阶段，短时间内出现大量死亡，死亡率通常达80%以上，该病在水温20 ℃以上开始流行，25~28 ℃为流行高峰，发病时间特征为夏季高发，4~11月均可出现。

2. 临床诊断

该病主要表现为全身各组织器官出血。根据出血部位不同可分为红肌型(肌肉严重充血和出血)、红鳍红鳃盖型(鳃盖、鳃基、头顶、口腔、眼眶明显出血)和肠炎型(肠道全部或部分严重出血)。

3. 病毒检测

(1)病毒分离及病毒滴度的检测。

取样过程中，体长≤4 cm的鱼苗取整鱼，体长4~6 cm的鱼苗取包括肾脏和脑的所有内脏，体长≥6 cm的鱼取肝、脑、脾和肾。每5条鱼可以合并为一个小样。

用组织匀浆器将样品匀浆成糊状，用MEM培养液重悬于含有双抗的培养液中。25 ℃孵育2~4 h或4 ℃孵育过夜以释放病毒，8 000 g离心20 min，收集含病毒的上清液。

(2)接种细胞及显微镜观察检测。

用MEM培养液按10^{-1}~10^{-9}(可酌情调整)的比例重悬并倍比稀释至有双抗的培养液中，将稀释的上清液接种到生长约24 h的单层CIK细胞的96孔板中，每个稀释度8个孔，每孔100 μL，吸附1 h后加入细胞培养液，置于CO_2细胞培养箱在28 ℃条件下培养，同时设置阳性(GCRV标准株)和空白对照(未接种病毒的细胞)，培养2~4 d，每天用倒置显微镜检查并统计各组出现细胞病变效应的情况，对细胞病变特征进行详细记录描述。正常的CIK细胞培养1~2 d后呈梭形及单层密集排列状态，GCRV感染48 h后出现了明显的细胞病变效应，细胞变为圆形，数量明显减少，局部视野的细胞消失，形成空斑，而在72~96 h后细胞基本消失，并伴随大量的细胞碎片产生(图23-1)。

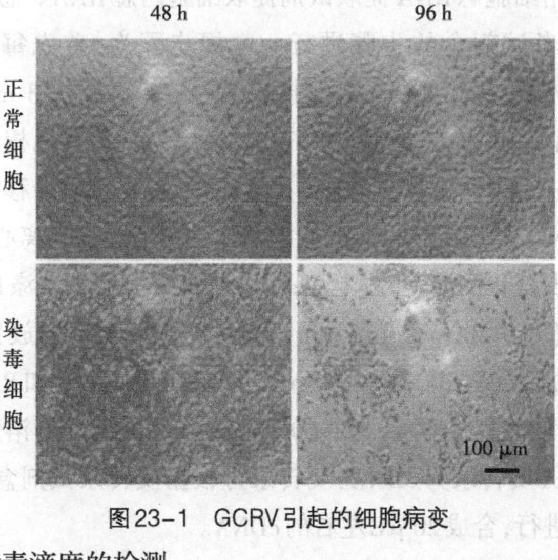

图23-1 GCRV引起的细胞病变

(3)病毒滴度的检测。

对于GCRV的病毒滴度可具体参考表23-1，并根据如下公式计

病毒分离的病料应尽可能新鲜，患病鱼体可在-20 ℃条件下短时间保存。

表中累积无病变数按照各稀释度无病变孔数自上而下进行累积。

累积病变数以病变孔数结果自下而上进行累积。

算病毒的滴度。

以表23-1中的统计结果为例，其病毒的滴定度计算公式为：

GCRV滴度=$10^{6+(0.6154-0.5)/(0.6154-0.2857)}=10^{6.35}=2.2387\times10^{6}$ $TCID_{50}$/体积(100 μL)= 2.2387×10^{7} $TCID_{50}\cdot mL^{-1}$

表23-1　GCRV病毒滴度统计表(例)

GCRV873稀释度	CIK细胞感染孔数	无病变孔数	病变孔数	累积总数		病变孔比例	病变率
				无病变数	病变数		
10^{-1}	8	0	8	0	47	47/47	1
10^{-2}	8	0	8	0	39	39/39	1
10^{-3}	8	0	8	0	31	31/31	1
10^{-4}	8	0	8	0	23	23/23	1
10^{-5}	8	1	7	1	15	15/16	0.9375
10^{-6}	8	4	4	5	8	8/13	0.6154
10^{-7}	8	5	3	10	4	4/14	0.2857
10^{-8}	8	7	1	17	1	1/18	0.0556
10^{-9}	8	8	0	25	0	0/25	0

(4)病毒的RT-PCR检测。

①少许样品(100~200 mg)组织或经消化的细胞悬液添加0.5 mL TRIzol放入1.5 mL离心管中，充分研磨或重悬(可-20 ℃暂存)。

②采用细胞总RNA提取试剂提取细胞内总RNA。总RNA提取方法可参考试剂盒的步骤进行。常规步骤为：首先每使用1 mL TRIzol加入0.2 mL氯仿，剧烈振荡15 s，室温放置3 min；2~8 ℃ 10 000 g离心15 min。样品分为三层：底层为黄色有机相，上层为无色水相和一个中间层，RNA主要在水相中，把水相层转移到新管中；2~8 ℃10 000 g离心10 min，离心前看不出RNA沉淀，离心后在管侧和管底出现胶状沉淀，移去上清；用约1 mL75%乙醇洗涤RNA沉淀，2~8 ℃不超过7 500 g离心5 min，小心倒弃上清，室温放置干燥，晾5~10 min；加入25~200 μL无RNase的水或0.5% SDS(如RNA用于酶切反应，勿使用SDS溶液)，55~60 ℃放置10 min使RNA溶解。

③RNA反转录为cDNA：反转录可根据反转录试剂盒的反应体系及步骤进行，合成20 μL左右的cDNA。

④ PCR扩增 DNA：参加PCR反应的物质主要有5种，即引物、酶、dNTP、模板和Mg^{2+}。具体为在普通PCR反应管中加入：9 μL 10倍

Taq酶用浓缩缓冲液、9 μL 25 mmol/L $MgCl_2$、2 μL dNTP、每种引物各1 μL、Taq酶5U，加水到总体积为100 μL（反应体系体积大小可作调整）。

⑤琼脂糖电泳：用TBE电泳缓冲液配制2%琼脂糖平板（含EB染料），将平板放入水平电泳槽，使电泳缓冲液刚好淹没胶面。将6 μL样品和2 μL样品缓冲液混匀后加入样品孔，单独准备样品孔加入5~10 μL DNA maker。

⑥检测结果判定：在紫外灯下或者凝胶成像仪中观察核酸带，根据目标条带是否出现、DNA条带的大小进行判定。如出现与目标条带一样的条带，则判为PCR检测阳性；无带或带的大小与目标条带不对应，则判为PCR检测阴性。

（5）直接电泳检测病毒核酸（行业标准SN/T3584-2013）。

①病毒RNA抽提：向5~10 mL接种了病毒的细胞悬液中加入SDS和EDTA，使SDS终浓度为1%，EDTA终浓度为0.1 mol/L。再加入等体积的酚，56 ℃反应10 min。12 000 r/min离心5 min，小心取上层水相。用酚重复抽提一次后，加入-20 ℃预冷的1.5倍以上体积的无水乙醇，倒置数次混匀后，-20 ℃ 8 h以上沉淀核酸。12 000 r/min离心30 min，小心弃去上清液。干燥后加10 μL水溶解备用。

②核酸电泳：用TBE电泳缓冲液配制2%含EB的琼脂糖平板，将平板放入水平电泳槽，使电泳缓冲液刚好淹没胶面；再将约7.5 μL样品和2.5 μL样品缓冲液混匀后加入样品孔，单独准备样品孔加入5~10 μL Gene maker；5 V/cm电泳约0.5 h，当溴酚蓝到达底部时停止，在紫外灯下观察核酸带并判断结果。也可以按常规方法配制5%~9% SDS-PAGE胶做垂直电泳，电泳结束后用常规方法银染或者EB染色，观察电泳结果。

③结果判定：电泳后能看到11条核酸带，根据片断长度大小，11个片段可分为3组，即3条大片段（L1、L2、L3，大小分别约为3.9 kb、3.8 kb和3.7 kb）、3条中等片段（M4、M5、M6，大小分别约为2.3 kb、2.2 kb和2.0 kb）和5条小片段（S7、S8、S9、S10、S11，大小分别约为1.4 kb、1.3 kb、1.1 kb、0.9 kb和0.8 kb）。用琼脂糖电泳或者病毒量偏少时，分子量较小的最后2~3条带可能不是很清楚，但能看到明显3组核酸带就可判定为阳性。

五、实验结果

1. 检查并统计实验各组中出现细胞病变效应的情况，对GCRV引起的细胞病变特征进行描述（附上显微照片）。

2. 描述GCRV引起的草鱼出血病的临床特征。

3. 计算病毒的滴度。

4. 将RT-PCR扩增的凝胶电泳结果扫描图打印出来，并对结果加以分析说明。

5. 将核酸电泳图打印出来，并对结果加以说明。

六、思考题

1. 根据组织细胞样品采集、RNA提取和PCR检测过程，总结归纳各步操作中需注意哪些问题以保证检测结果的准确性。

2. 目前已经报道的GCRV分离株有40多株，可分为Ⅰ型、Ⅱ型和Ⅲ型，可采取什么手段更加准确地对GCRV进行检测，以避免假阴性？

3. 分析病毒的RT-PCR检测和直接电泳核酸检测原理的相似点与差异。

4. 将本实验检测法与ELISA检测法相比较，分析各自在实际应用中的优缺点。

实验二十四

水产动物病原菌的人工感染

细菌侵入机体并在宿主体内定居、增殖且能引起疾病的性质称为致病性，具有致病性的细菌则称为病原菌。病原菌对宿主的致病性受多种因素影响，如不同种属的病原菌、同种病原菌的不同菌株、同一菌株在不同的条件下、病原菌感染量和感染侵入机体途径等。病原菌的感染是指在一定条件下，病原微生物与机体相互作用并导致机体产生不同程度的病理过程。

水产动物病原菌的人工感染是水产动物疾病防控研究中必备的基础实验内容，本实验首先需要测定出病原菌的生长曲线和毒力大小等特征，以便在病原菌的人工感染操作时确定其感染条件、感染剂量和感染方式。病原菌致病性的强弱程度称为毒力，毒力是细菌菌株的特征，各种细菌的毒力不同，并可因宿主种类及环境条件不同而发生变化，病原菌的毒力常用半数致死量（LD_{50}）或半数感染量（ID_{50}）来表示。本实验包括病原菌的生长曲线、病原菌的人工感染方式和感染剂量的确定三个部分。

一、实验目的

1. 巩固微生物生长曲线绘制实验方法及原理，了解病原菌生长曲线的特点。
2. 掌握病原菌人工感染的常用方式及操作方法。
3. 掌握病原菌半数致死量LD_{50}测定的原理、步骤和计算方法。

二、实验原理

病原菌生长曲线的绘制主要可通过显微镜直接计数法和平板菌落计数法两种方法。两种方法的实验原理可参照本教材实验六“微生物的计数方法及细菌生长曲线绘制”。目前，半数致死浓度的计算方法很多，在我国普遍采用的方法可以归纳为两类：一类是死亡率—浓度反应相关，要求为正态分布，常用方法为寇氏法；另一类是不要求为正态分布，计算时只需作出方程，代入0.5的死亡概率即可得到LC_{50}值，常用的有概率单位法和线性回归法。几种方法需要进行大量的对数、乘方、开方、求和等运算过程，具体可借助Excel或SPSS软件进行。为保证计算结果的可靠性，本试验水产动物病原菌人工感染剂量选择范围要求合适，通常需满足试验动物死亡率在10%~90%之间的组别数达到5组或5组以上。

常用的人工感染接种方法有浸泡(皮肤创伤和皮肤不创伤)、口服和注射法等,选用哪种方法需要根据不同的疾病类型和可能的侵入途径而定。本实验以注射法实施操作。

三、实验用品

1.材料:鲫鱼、维氏气单胞菌(*Aeromonas victoris*)。

2.培养基:牛肉膏蛋白胨琼脂培养基。

3.试剂:生理盐水(0.65% NaCl)。

4.其他用品:水族缸数个及增氧控制设备、稀释病原菌所需离心管、注射器、抄网、平皿、涂布棒、酒精棉球、手套等。

四、实验步骤

1. 病原菌生长曲线的绘制

将病原菌定量接种至装有培养基的锥形瓶中,连续培养24~48 h。定时对培养的病原菌进行取样计数,计数方法可参照本教材实验六中的显微镜直接计数法和平板菌落计数法,每个稀释度做3个平行样,记录原始数据并绘制生长曲线。

2. 饲养

统一规格的实验鲫鱼暂养1周左右,控制投喂并保持良好水质,保证充足的溶解氧。

3. 病原菌的人工感染

(1)注射感染。

①根据病原菌毒力大小设定合适范围的病原菌注射剂量,如10^2 CFU/g、10^3 CFU/g、10^4 CFU/g…10^8 CFU/g。

②随机挑选约5尾鱼进行称重,结合病原菌注射剂量计算每尾鱼所需注射病原菌的量(设计剂量×鱼体重)。

③取对数生长期的病原菌,根据生长曲线中病原菌的浓度(CFU/mL),计算高剂量组每尾鱼所需的病原菌体积(V=病原菌量/病原菌的浓度;可补充一定体积的生理盐水,使最终注射体积达到预设值,如预混至100 μL),低剂量组则通过试管梯度稀释法进行稀释,稀释过程模式如图24-1所示。

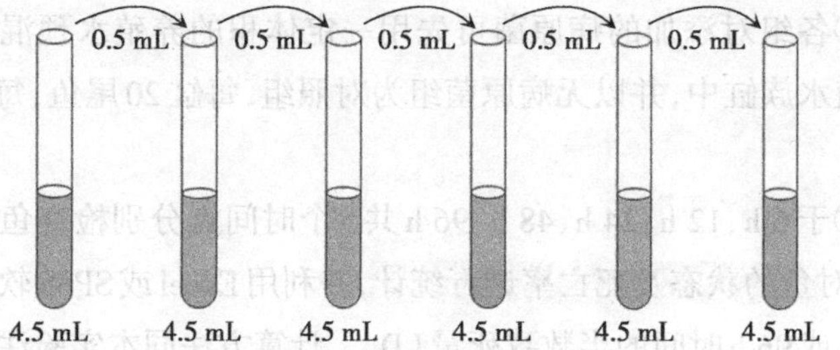

图24-1 试管梯度稀释法

④每条鱼注射100 μL（根据鱼体大小控制）病原菌菌液，注射方式可采用背部肌肉或腹腔注射两种方式，并以注射无菌生理盐水为对照组，每组20尾鱼，3个平行。

注射病原菌时需注意尽量避免对鱼体的过度损伤，防止实验鱼出现人为造成的死亡，从而影响最终结果。

⑤在注射后的6 h、12 h、24 h、36 h、48 h、72 h、96 h 7个时间点分别检查鱼的患病情况，对鱼的状态及死亡率进行统计，并计算出48 h或96 h的半数致死量LD_{50}。

用Excel或SPSS软件具体计算公式如下：

寇氏法运算公式：$\lg LC_{50}=1/2(X_i+X_{i+1})(P_{i+1}-P_i)$，其中，$X_i$为剂量或浓度对数，$P_i$为死亡率。

概率单位法运算步骤：将浓度换算成对数值X，将各浓度对应的死亡发生频率换算成概率单位Y，即将死亡发生的“S”形曲线直线化，再按照模型$\hat{y}=a+bx$建立直线回归方程，在此基础上令$Y=5$计算半数致死浓度。其运算方法为：计算出$\bar{x}$、$\bar{y}$、$\sum(X-\bar{x})^2$、$\sum(Y-\bar{y})^2$、$\sum[X-\bar{x}(Y-\bar{y})]$，从而计算出$b=\dfrac{\sum(X-\bar{x})(Y-\bar{y})}{\sum(X-\bar{x})^2}$，$a=\bar{y}-b\bar{x}$，$\hat{y}=a+bx$，令$\hat{y}=5$计算出$x$，则为半数致死浓度。

线性回归法：以死亡率为x，浓度为y，先求出各组数据的平均值$\bar{x}$、$\bar{y}$，再计算$(X-\bar{x})(Y-\bar{y})$和$(X-\bar{x})^2$及$\sum(X-\bar{x})(Y-\bar{y})$和$\sum(X-\bar{x})^2$求得回归系数$b$，将$\bar{x}$和$b$代入直线回归方程$Y=\bar{y}+b(X-\bar{x})$，就能得到回归直线方程。将$x=0.5$代入直线方程，得出半数致死浓度。

（2）浸泡感染。

①根据病原菌毒力大小设定合适范围的病原菌浸泡浓度，如10^2 CFU/L、10^3 CFU/L、10^4 CFU/L…10^8 CFU/L。

②测量水族缸中养殖水体的体积，结合病原菌设计浸泡量，计算每组水体所需病原菌的量（浸泡浓度×水族缸体积）。

③取对数生长期的病原菌，根据生长曲线中病原菌的浓度（CFU/mL），计算各组水体所需的病原菌量。

需对鱼的死亡情况进行连续观察，死鱼要及时捞出并统一用塑料袋装好放至-20 ℃冰箱，实验结束后进行统一无公害化处理。

④各组对添加的病原菌可先用一定体积的养殖水预混后再注入养殖水族缸中，并以无病原菌组为对照组，每缸20尾鱼，每组3个平行。

⑤于6 h、12 h、24 h、48 h、96 h共5个时间点分别检查鱼的患病情况，对鱼的状态及死亡率进行统计，并利用Excel或SPSS软件计算出48 h或96 h时间的半数致死量LD_{50}。计算方法同本实验注射感染计算公式和步骤。

五、实验结果

1.记录并描述病原菌生长情况，并根据表24-1结果绘制出病原菌的生长曲线。

表24-1　病原菌生长情况计数结果记录

时间/h	3	6	9	12	15	18	21	24	48
结果1/(CFU/mL)									
结果2/(CFU/mL)									
结果3/(CFU/mL)									

2.将人工感染试验结果记录在表24-2和表24-3中，并用Excel或SPSS软件分别计算出不同感染方式下48 h或96 h的半数致死量LD_{50}。

表24-2　病原菌分组感染试验情况记录(注射法)

组别	平行试验次数	菌液浓度/(CFU/mL)	注射剂量/(CFU/g)/100 μL	感染后不同时间点的鱼死亡数/尾					死亡率/%
				6 h	12 h	24 h	48 h	96 h	
生理盐水组	1								
	2								
	3								
试验组1	1								
	2								
	3								
试验组2	1								
	2								
	3								
试验组3	1								
	2								
	3								

表24-3 病原菌分组感染试验情况记录(浸泡法)

组别	平行试验次数	病原菌浸泡浓度/(CFU/L)	每组水体所需病原菌的量/(CFU)	感染后不同时间点的鱼死亡数/尾					死亡率/%
				6 h	12 h	24 h	48 h	96 h	
生理盐水组	1								
	2								
	3								
试验组1	1								
	2								
	3								
试验组2	1								
	2								
	3								
试验组3	1								
	2								
	3								

表中每组水体所需病原菌的量=浸泡浓度×水族缸装水体积。

六、思考题

1.试分析病原菌的人工感染预实验在最终实验感染浓度设定中的作用。

2.病原菌的人工感染实验中，注射组感染量以鱼体重为计算依据，浸泡组则以水体体积为参考，试分析其原因。

实验二十五

草鱼出血病组织浆疫苗的制作

鱼类病毒性疾病是鱼类疾病中最难防治的一类疾病，因其传播速度快、致死时间短、死亡率高、缺乏有效的预防和治疗药物，常造成养殖生产的巨额损失，已成为制约水产养殖健康稳定发展的关键因素之一。基于病毒性疾病的发病特征，一旦发病很难控制，因此对该类疾病的预防往往是保证鱼类健康的关键策略。其中组织浆疫苗的免疫接种法预防鱼类病毒病是最为简单、便捷和有效的方式。因此，病毒性疾病组织浆疫苗的制作作为一项基础性工作，对于鱼类病毒性疾病的预防具有重要意义。草鱼出血病作为我国二类动物疫病，自20世纪80年代以来，长期制约着草鱼养殖业的发展。本实验主要研究草鱼出血病组织浆疫苗的制作，并为其他水产动物病毒性疾病组织浆疫苗的制作等提供参考借鉴。

一、实验目的

1. 掌握草鱼出血病组织浆疫苗制作的方法技能。
2. 熟悉组织浆疫苗评价检验、安全性及效力检测过程。

二、实验原理

本实验主要利用现场采集或短期超低温保存的病死鱼内脏，进行组织匀浆后腹腔注射进行攻毒处理，采集攻毒后病死鱼的内脏再次匀浆，并利用甲醛溶液灭活病毒以制备组织浆疫苗。进一步检测确定所制疫苗外观良好、无杂菌污染后，通过对实验鱼进行疫苗接种，同时设立阴性对照组，攻毒后获得组织浆疫苗的免疫保护率等效力指标。

草鱼出血病组织浆疫苗制备全过程中应保证无菌操作，器皿、溶液、操作台等要预先进行消毒处理。

三、实验用品

1. 材料：新鲜或短期超低温冻存的发病草鱼（草鱼出血病）或保藏的GCRV病毒株、全长10~15 cm的健康草鱼（约200尾）。

2. 培养基：牛肉膏蛋白胨琼脂培养基。

3. 试剂：75%乙醇、生理盐水（或0.65% NaCl）、10%甲醛溶液。

4. 其他用品：超净工作台、接种环、解剖盘、剪刀、镊子、酒精棉球、酒精灯、灭菌离心管、万分之一天平、注射器、恒温培养箱、培养皿、抄网、封闭水族缸及增氧控制设备等。

四、实验步骤

1. 病毒处理

取出保藏的GCRV病毒株或暂存的新发病鱼组织。对于保藏的GCRV病毒株，直接取出室温解冻备用。对于暂存的新发病鱼组织，称重后按1∶10加入0.85%无菌生理盐水，匀浆成10^{-1}浓度的组织悬液，再于4 ℃下3 000 r/min离心0.5 h，取上清液，加入青霉素和链霉素各1×10^{5} IU/mL，室温下灭菌2 h后备用。

2. 病毒攻毒

将以上制备好的病毒悬液对健康草鱼经腹腔注射进行人工感染，对于保藏的GCRV病毒株，每尾草鱼注射1 mL左右，具体注射量需根据保藏时间及病毒感染活性等特征进行调节；对于新采集的病毒悬液每尾草鱼通常注射0.5~1.0 mL。将攻毒草鱼放入水温25~28 ℃的水族箱中，饲养观察。注射感染后待出现与天然症状相似的病症，选择感染发病症状典型的病鱼作为毒种收集用。

3. 组织样品收集

用无菌操作取具有典型症状的出血病病鱼的肾、脾、肝和显症肌肉、肠等组织（含新鲜或速冻保存组织），称重后剪碎，称重后按1∶10加入0.85%无菌生理盐水，经捣碎或匀浆制成10^{-1}浓度，在4 ℃下3 000 r/min离心0.5 h，取上清液，立即加入青霉素和链霉素各1×10^{5} IU/mL。

组织病毒样品收集过程要求低温快速，并速冻保存。

4. 组织浆灭活

添加10%甲醛溶液至收集的组织样品中，使其最终浓度为0.5%，混匀后分装于玻璃瓶中，密封，置于32 ℃恒温箱中灭活72 h。在灭活过程中，每天充分振荡2~3次，置于4 ℃冰箱内保存备用。

5. 草鱼出血病组织浆疫苗的性状观察

制成的草鱼出血病组织浆疫苗为乳白色的均匀混浊液，或有少许摇动即散的沉淀物的液体，不应有摇不散的絮状物、凝块、异物和霉团，无异味，pH为5.5~7.0。

6. 无菌检验

在无菌条件下，吸取100 μL组织浆疫苗至牛肉膏蛋白胨琼脂平板表面，均匀涂布，置于37 ℃条件下恒温培养96 h，观察是否有菌生长。好的组织浆疫苗不应被细菌或霉菌等杂菌污染。如有菌生长，则为不合格品。

7. 安全性检测

(1)试验容器处理。

选取容积为1 m^3的水泥池或水族箱作为试验容器，容器需配有控温和通气增氧装置。容器在使用前用浓度为100 mg/L的漂白粉水溶液消毒24 h，消毒后用自来水冲洗干净，并放入自来水，曝气24 h以上待用。

(2)试验鱼种处理。

选用全长为8~15 cm、体质健壮、游动活泼、无任何损伤和疾病的当年草鱼种，并在试验前用2%食盐水浸浴5~10 min。将试验鱼种放入试验容器中，于28 ℃水温下饲养，观察15 d，所有鱼均应活动正常。若发现有鱼种出现出血病症状，则该批鱼种不得使用。

(3)接种观察。

取上述暂养合格的鱼种60尾，分成3个实验组。第一组为生理盐水阴性对照组，第二组为腹腔注射组，第三组为肌肉注射组。每组3个平行，每个处理20尾鱼，分别注射生理盐水或组织浆疫苗0.5 mL/尾。注射后的鱼种放入试验容器内，于25~28 ℃的水体中饲养，连续观察15 d。如发现实验组有鱼患出血病，则该批疫苗为不合格。

8. 疫苗效价检测

确认疫苗安全性后，对以上三组中的鱼腹腔注射0.5 mL新鲜的病鱼组织悬液，连续观察15 d，根据疫苗组和对照组的病死率确定疫苗的效价。

安全性和免疫效力检测实验中需对鱼的死亡情况进行实时观察，死鱼要及时捞出并统一用塑料袋装好放至−20 ℃冰箱，实验结束后统一进行无公害化处理。

五、实验结果

1.观察制成的灭活疫苗的特征,并记录在下表中。

表25-1 草鱼出血病组织浆灭活疫苗外观、pH与质量评价表

毒种来源	外观		pH	质量评价
	颜色	沉淀物性质		

2.绘制免疫保护率曲线,比较组织浆疫苗两种不同注射免疫的效力大小。

六、思考题

1.保存过久的病毒生物学活性会出现怎样的变化,如何处理该问题?

2.试分析组织浆疫苗在鱼类病毒性疾病免疫预防中的优势。

3.试分析草鱼呼肠孤病毒的频繁变异对组织浆疫苗免疫预防的影响。

实验二十六

土壤微生物的分离、纯化与测数

土壤中生存着数量巨大且丰富多样的微生物群，它们对为其他生物的生长具有直接或间接的作用，因此，研究土壤中的微生物含量对环境的影响具有重要的理论意义。自然环境也对土壤微生物的生态和多样性产生重要的影响。土壤中有机质的含量、pH和水分含量等不同，土壤微生物含量也存在差异。对土壤微生物群落的数量与组成进行分离、纯化与测数至关重要。本实验将采用10倍稀释涂布平板法从土壤中分离细菌、放线菌和真菌。

一、实验目的

1. 了解细菌、真菌、放线菌等土壤微生物的数量、生长特点和形态特征。
2. 掌握土壤微生物的分离、纯化、测数原理与操作方法。
3. 掌握分离土壤微生物的各种培养基的配制方法。

二、实验原理

根据土壤中分离目标微生物的性质和条件不同，加入某些实验试剂能够抑制其他微生物生长，从而从土壤悬液中分离出目标微生物。本实验使用的选择培养基包括淀粉琼脂培养基（高氏1号）、牛肉膏蛋白胨培养基和马丁氏培养基。土壤微生物的分离、纯化并可以计数的方法主要包括稀释涂布平板法和稀释混合平板法。稀释涂布平板法和稀释混合平板法的操作步骤基本相同，本实验主要介绍稀释涂布平板计数法。将土壤稀释成不同浓度梯度的溶液，使微生物能够充分分散，当土壤样品的稀释度适当时，选择一定的分离土壤微生物稀释梯度接种于培养基上，在适合的条件下进行培养，获得土壤微生物的菌落，之后再挑菌纯化，根据平板菌落计数法原理计算微生物数量，可推测出土壤样品中含有的各种微生物数量。

三、实验用品

1. 材料：土壤样品。

2. 培养基：淀粉琼脂培养基、牛肉膏蛋白胨培养基、马丁氏培养基。

3. 其他用品：锥形瓶、培养皿、1 000 mL烧杯、10 mL试管、高压蒸汽灭菌锅、恒温培养箱、无菌操作台等。

土壤中微生物种类多样，选择的计数培养基应能够得到较多种类和数量，对于特定类群微生物，应选择专门的培养基。

实验过程中应做好相关的记录，实验完成后，培养基中的菌落不能随便扔掉，需要统一进行灭菌处理，避免对环境造成危害。

四、实验步骤

1. 土壤微生物的分离

(1) 土壤样品的采集。

采集菜园土、果园土或林地土样品，去除枝叶、石头等杂物，在无菌研钵中研磨成粉末，混合均匀。

(2) 土壤悬液的制备。

量取90 mL无菌水加入锥形瓶中，称取10 g土壤样品加入其中，振荡土壤悬液，充分摇匀20 min，该土壤悬液梯度为10^{-1}并编号。另取1支试管，量取9 mL无菌水加入试管中，振荡10^{-1}土壤悬液，使其充分混匀，静止半分钟，用无菌吸管吸取1 mL加入试管中，将土壤溶液轻轻吹吸充分混匀，在试管上编号此土壤稀释液的梯度为10^{-2}。按照上述操作方法分别配制10^{-3}、10^{-4}、10^{-5}、10^{-6}土壤稀释液。(图26-1)

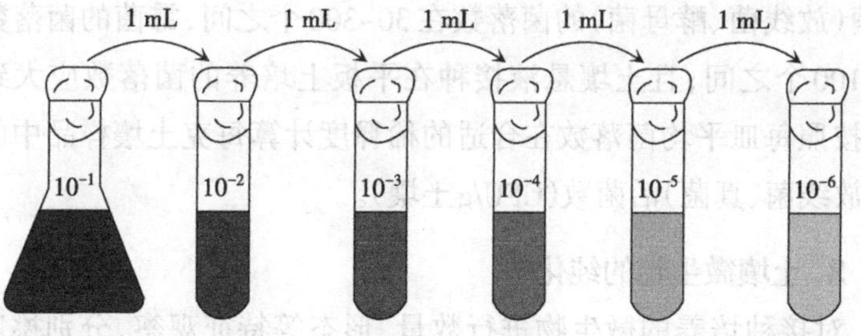

图26-1 土壤稀释的过程

(3) 涂布。

分离土壤微生物的对象不同，对土壤稀释液梯度和培养基成分的要求也不相同。表26-1是根据分离对象查阅资料选择的相应目标培养基，以及分离的细菌、放线菌和真菌等土壤微生物。用无菌吸管吸取0.1 mL相应的土壤稀释液接种于培养基上，每个土壤稀释液需要接种3个平板，土壤稀释液与培养基轻轻充分混匀铺平后静置10 min。

表26-1 分离土壤微生物的稀释梯度和培养基

分离对象	土壤稀释液	培养基
细菌	10^{-4}、10^{-5}、10^{-6}	牛肉膏蛋白胨培养基
真菌	10^{-2}、10^{-3}、10^{-4}	马丁氏培养基
放线菌	10^{-3}、10^{-4}、10^{-5}	淀粉琼脂培养基

(4) 培养。

将接种后的培养基倒置于恒温箱培养中培养，根据土壤微生物的培养条件进行培养：细菌在37 ℃条件下培养2 d，放线菌在28 ℃条件下培养5~7 d，真菌在28 ℃条件下培养3~4 d。

对土壤微生物的计数除了涂布平板计数法外，还可以用混合平板法进行。两者在操作上基本相同，区别在于混合平板法需要吸取土壤悬液1 mL加入培养皿中，再加入冷却至50 ℃的融化状态的适量(15~20 mL)无菌培养基，土壤悬液与培养基需要充分混匀，待培养基凝固后在恒温培养箱中培养生长。

2. 平板菌落计数

同一个土壤稀释梯度需要选取3个平板上的菌落数计算平均值，菌落选择与计数原则参照实验六中的平板菌落计数法。其中，细菌(放线菌、酵母菌)的菌落数在30~300个之间，霉菌的菌落数在10~100个之间；且土壤悬液接种在平板上培养的菌落数应大致相同，按照每皿平均菌落数在合适的稀释度计算每克土壤样品中的细菌(放线菌、真菌)活菌数(CFU/g土壤)。

如果希望得到更准确的结果，真菌计数应该选择每平板平均菌落数在30~100个的稀释度计算结果，测定时选择1/100、1/300、1/1 000、1/3 000和1/10 000等稀释度。

3. 土壤微生物的纯化

对接种培养的微生物进行数量、形态等特征观察，分别挑取单菌落进行划线、分离、培养。划线分离后需要观察菌落是否为单一的微生物，若有杂菌还需进一步分离纯化。通常使用连续划线法(图26-2a)和分区划线法(图26-2b)两种方法。分区划线法每转动一个角度需要对接种环进行灼烧灭菌处理。

在培养观察菌落的生长情况时，要注意避免培养的菌种受到污染。

尽量挑取菌落生长较好，比较纯的。

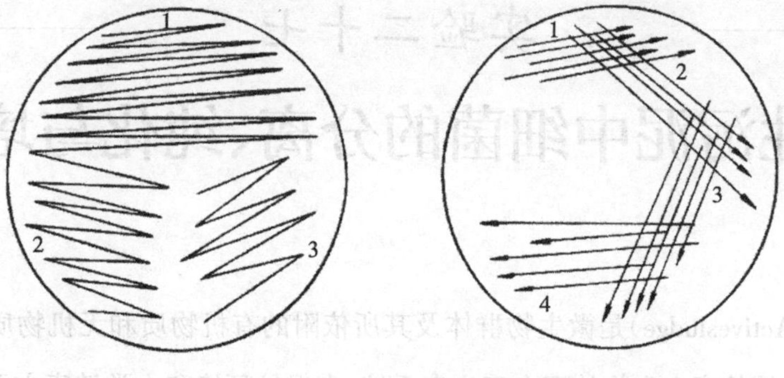

a　　b

图26-2　划线法

a.连续划线法（1为起点，2、3连续划线）；b.分区划线法（1、2、3、4为起点，依次划线）

五、实验结果

1.计算土壤样品各个稀释度在培养基平板上形成的菌落数并填入下表。分别计算每克湿土壤样品中的细菌活菌数（CFU/g湿土壤）、放线菌活菌数（CFU/g湿土壤）和真菌活菌数（CFU/g湿土壤）。

表26-2　土壤稀释液的菌落计数结果

	重复	1	2	3	平均	1	2	3	平均	1	2	3	平均
平板中的菌落数	细菌	10^{-4}				10^{-5}				10^{-6}			
	真菌	10^{-2}				10^{-3}				10^{-4}			
	放线菌	10^{-3}				10^{-4}				10^{-5}			

注：每克土壤样品中细菌/真菌/放线菌的菌落数=同一稀释度几次重复的菌落平均数×10×稀释倍数。

2.描述分离得到的微生物菌落特征和个体形态。

六、思考题

1.对土壤微生物的菌落计数时，为什么要涂布3个平板？哪些操作过程可使其准确计数？

2.比较稀释涂布平板计数法和平板划线分离法的相同点和不同点。

3.为什么在马丁氏琼脂培养基中要加入氯霉素和孟加拉红？

4.由菌落如何得到纯培养菌种？

实验二十七

活性污泥中细菌的分离、纯化与培养

活性污泥(Activesludge)是微生物群体及其所依附的有机物质和无机物质的总称。活性污泥是全球最常用的废水生物处理人工生态系统,在保护环境和人类健康方面发挥着重要作用。活性污泥于1912年由英国的克拉克(Clark)和盖奇(Gage)发现,包括好氧活性污泥和厌氧颗粒活性污泥。活性污泥的生物活性主要取决于其中的微生物菌群结构和功能,它们能够分解污水中的有机物、参与其中的物质代谢。活性污泥具有成本低、无二次污染等优点,目前活性污泥已被用来处理水产养殖业产生的废水。活性污泥中的微生物主要由细菌、放线菌、真菌以及原生动物和后生动物等构成,其中细菌是最主要的成分。微生物纯菌株的分离方法很多,其中通过样品稀释获得单菌落纯菌株是常用方法。好氧细菌和兼性好氧细菌的分离多采用平板划线法、稀释涂布平板法或双层平板浇注法来实现。专性厌氧细菌的分离多采用Hungate滚管法或深层琼脂柱法。本实验采用平板划线法和稀释涂布平板法从活性污泥中分离细菌纯菌株。

一、实验目的

1. 掌握利用平板划线法和稀释涂布平板法从活性污泥中分离、培养和纯化细菌的技术,获得活性污泥中的若干细菌纯菌株。

2. 巩固无菌操作技术。

二、实验原理

平板划线法和稀释涂布平板法是把混合菌样品稀释而获得单菌落的常见方法。一般是将混合在一起的不同微生物或同种微生物群体中的不同细胞,通过在分区的平板表面经过多次划线稀释,直至形成分布较多的由单个细胞形成的单菌落,获得纯培养物。

三、实验用品

1.材料:活性污泥样品(曝气池)。

2.培养基和试剂:营养琼脂培养基、无菌水。

3.其他用品:移液管、培养皿(直径90 mm)、锥形瓶、试管、离心管(15 mL,含玻璃珠)、接种环(针)、涂布棒、锡箔纸、旋涡振荡仪、酒精灯、恒温培养箱、超净工作台等。

四、实验步骤

1.活性污泥样品采集、解絮凝和稀释

从活性污泥曝气池中取活性污泥若干于无菌烧杯中,用锡箔纸封口,备用。置10 mL活性污泥于含有玻璃珠的无菌离心管中,旋涡振荡5~10 min解絮凝,制成活性污泥悬液。

取1 mL活性污泥悬液,用无菌水将其梯度稀释为10^{-1}、10^{-2}、10^{-3}、10^{-4}、10^{-5}浓度,之后取100 μL 10^{-4}或10^{-5}浓度的活性污泥稀释液分别加入相应培养皿中(培养基提前灭菌、倒平板,并用记号笔做好标记)。(图27-1)

为保证分离细菌菌株的多样性,最好选择新鲜的活性污泥样品做细菌分离,如有必要,可选择多种培养基进行纯菌株的分离。

2.细菌的分离与纯化

采用稀释涂布法或平板划线法接种活性污泥样品。稀释涂布法即在酒精灯旁用涂布棒涂布均匀,静置5 min,之后置于28 ℃培养箱中倒置培养;平板划线法即用接种针(环)蘸取10^{-1}活性污泥稀释液,在平板培养基上作连续划线(图27-1)。划线完毕后置于28 ℃培养箱中倒置培养。培养72 h后,分别挑取单菌落到新的培养基上划线纯化,待菌苔长出后,观察菌苔形态是否单一,也可用显微镜涂片染色检查是否是单一的微生物。如是混合菌苔,则需再一次进行分离、纯化,直到获得纯培养物。

接种和纯化过程中一定要注意无菌操作技术的应用。

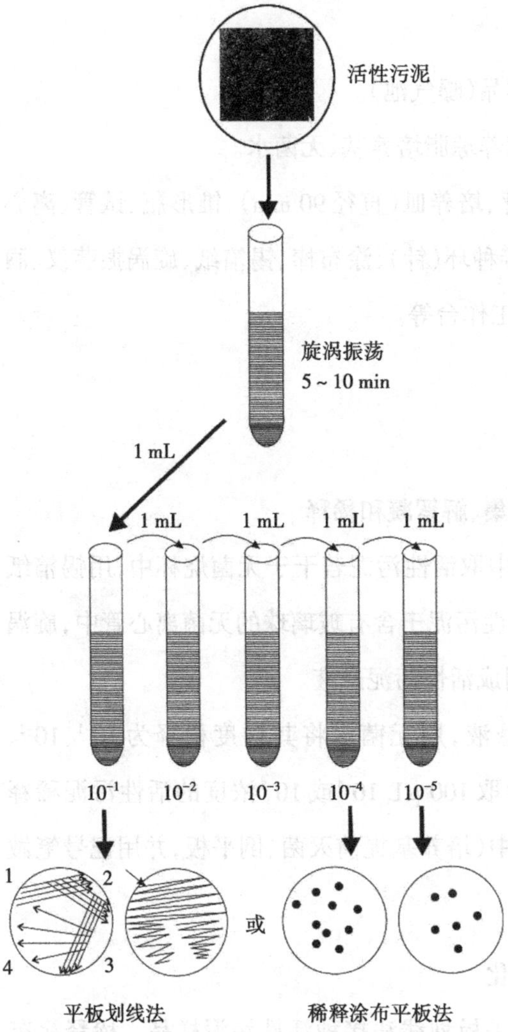

图27-1 活性污泥样品稀释和接种示意图

3. 保存菌种

得到的细菌纯培养物可以斜面接种培养进行菌种保存。

五、实验结果

记录分离到的活性污泥纯培养物的菌落特征和显微镜镜检的形态特征。

六、思考题

1. 如要分离活性污泥中某一特定种类的细菌，如何选择相应的培养基？
2. 如何确定分离出的细菌是纯培养物？

实验二十八

活性污泥生物相的观察

活性污泥生物相是指活性污泥中生存的微生物和原生动物的各项指标，包括其数量、种类、代谢能力及其优势程度等。污泥中微生物和原生动物的各个指标特征与其所处的系统环境相适应，系统环境的改变会直接引起活性污泥中生物相的改变。从某种程度而言，生物相可以较好地显现出整个污水处理系统在不同阶段的运行状况。因此，可以通过观察活性污泥生物相来推断出微生物的生长情况和状态，进而预测出污水处理的实际效果。

一、实验目的

1.掌握通过显微镜直接观察、辨认活性污泥菌胶团和原生动物生物相的方法。

2.会根据菌胶团的形态、结构辨别活性污泥的性状。

3.理解观察和监测活性污泥生物相的意义。

二、实验原理

活性污泥是生物法处理污水的主体，污泥中生物相的数量、种类和代谢能力往往直接反映了活性污泥的处理效果。活性污泥中生物相比较复杂，以细菌、原生动物为主，还有真菌、后生动物等。某些细菌能分泌胶黏物质形成菌胶团，进而组成污泥絮绒体（绒粒），活性污泥法主要靠的是细菌（菌胶团）的絮凝和沉淀作用。原生动物对于污水的净化及污泥的絮凝、沉淀有着一定的促进作用。在正常的成熟污泥中，细菌大多集于菌胶团的絮绒体中，游离细菌较少。此时，污泥絮绒体可具有一定形状、结构稠密、折光率强、沉降性能好。原生动物常作为污水净化指标；当固着型纤毛虫表现出优势时，一般认为污水处理池运转失常。当后生动物轮虫、线虫等大量出现时，意味着污泥极度衰老。因此，可借助显微镜观察活性污泥生物相的状况，从而判断活性污泥处理废水的运行情况。

三、实验用品

1.材料：活性污泥样品。

2.其他用品：香柏油、二甲苯、显微镜、目镜测微尺、200 mL量筒、载玻片、盖玻片、胶头滴管、镊子、吸水纸等。

四、实验步骤

1. 肉眼观察活性污泥特征

取曝气池活性污泥样品于100 mL量筒内，观察活性污泥在量筒中呈现的絮绒外观（形态、结构、密度）和沉降性能（以污泥沉降比SV表示，即一定量的污泥混合液静置30 min后沉降的污泥体积与原混合液体积之比，用百分数表示）。

2. 制片和镜检

如用油镜观察，最好将污泥絮体制成染色片。

用胶头滴管吸取活性污泥悬液1~2滴于载玻片上，加盖玻片，制成水浸标本片，在显微镜中倍镜（20×或40×）或高倍镜（100×）下观察其生物相。

（1）污泥菌胶团絮状体：形状、大小、稠密度、折/旋光性、游离细菌多少等。

（2）丝状微生物：伸出絮绒体外的多寡（确认优势类别）。丝状微生物形态观察请参考本实验附录28-1。

（3）微型动物：原生动物的识别。常见后生动物形态特征描述请参考本实验附录28-2。

如无计数板，则可用以下方法进行计数。

①用洗净的胶头滴管吸取活性污泥悬液1滴于载玻片中央，以盖玻片轻轻盖好水滴，要避免盖玻片内形成气泡。

②将标本放在显微镜低倍镜下计数，计数时先将视野放在盖玻片的右上角，之后视野由上而下，由左到右移动载玻片计数。

③上述计数方法仅适用于原生动物和轮虫，对个体较大的微型动物或线虫等，则需加大计数容量，以免造成误差。

五、实验结果

将活性污泥的观察和镜检结果填入下表中。

表28-1 活性污泥生物相观察结果的记录

样品来源(日期)		絮体紧密度(紧密/松散)	
污泥沉降比(SV)/%		丝状微生物数量	
絮体形态(圆形/不规则形)		游离细菌数量	
絮体结构(开放/封闭)		优势动物名称和形状描述	

注:根据污泥中丝状菌与菌胶团细菌的比例,可将丝状微生物分为以下5个等级。0级:污泥絮粒中几乎无丝状菌存在;±级:污泥絮粒中存在少量丝状菌;+级:污泥絮粒中存在一定数量的丝状菌,但总量少于菌胶团细菌;++级:污泥絮粒中存在大量丝状菌,总量与菌胶团细菌大致相等;+++级:污泥絮绒物以丝状菌为骨架,数量超过菌胶团细菌而占优势。

六、思考题

1. 活性污泥生物相的主要功能有哪些?

2. 根据活性污泥生物相的观察情况,请对活性污泥质量及运行状况做出初步评价。

七、附录

28-1 活性污泥中常见的丝状微生物

(1)球衣菌(*Sphaerotilus*):由许多圆柱形细胞排列成链,外面包围一层衣鞘,形成丝状体,具有假分枝。单个菌体可自衣鞘游出,活泼运动或黏附于鞘外。

(2)贝氏硫菌(*Beggiatoa*):无色而宽度均匀的丝状体,与球衣菌不同的是外面无衣鞘,各丝状体分散不相连接。丝状体由圆柱形细胞紧密排列而成,有时可见硫粒。丝状体不固着于基质上,可呈匍匐状滑行,菌体扭曲、穿插匍匐滑行于污泥之中。

(3)发硫菌(*Thiothrix*):亦由细胞排列成丝状体,具薄鞘但一般镜检时不可见。其丝状体基部有吸盘,可使菌体固着于基质上生长。在附着生长时,有时菌丝体左右平等伸长成羽毛状,有时以放射状从活性污泥絮绒体内向四周伸展,有时菌丝体交织在一起自成中心向四周伸展。

(4)霉菌(*Mould*):活性污泥中常见到菌丝体远较上述细菌的更为粗大,为霉菌菌丝体和霉菌孢子。菌丝体有的有隔,并具有真分枝。

28-2 活性污泥中常见的后生动物

(1)线虫(*Nematoda*):身体细长呈线形,其横切面呈圆形。常见卷曲不能自由伸缩,而是靠身体作蛇形扭曲而运动。

(2)轮虫(*Rotifera*):形体很小,身体的前端或靠近前端有轮盘(头冠),其上的纤毛经常摆动,有游泳和摄食的功能。在口腔或口管下面的咽喉部分膨大而形成咀嚼囊,内有一套较复杂的咀嚼器,可以多少地伸出口外以攫取食物。

(3)颤体虫(*Aeolosoma*):在活性污泥中最大、分化最高级的一种多细胞动物,身体分节,节间有刚毛伸出,体表具有带色泽的油点。

实验二十九

活性污泥中微生物多样性分析

活性污泥中的微生物是污水处理系统的功能主体，其中细菌占污泥中微生物总量的90%~95%。因此，对活性污泥中微生物（细菌）多样性（包括微生物的种类和相对丰度）的解析将有助于人们更深层次地了解微生物在活性污泥中的生态或生理功能。利用分子生物学技术分析活性污泥中微生物多样性的方法首先是从活性污泥样品中提取DNA，进行16S rRNA基因的PCR扩增，并在此基础上进行克隆文库构建、变性/温度梯度凝胶电泳（DGGE/TGGE）、限制性片段长度多态性分析（Restriction Fragment Length Polymorphism，RFLP）和16S rDNA高通量测序分析（High Throughput Sequencing）等。本实验采用微生物群落分析常用的克隆文库构建技术分析活性污泥样品微生物的多样性。

一、实验目的

1. 掌握从活性污泥中提取DNA的方法。

2. 学习和掌握PCR仪的使用和通过克隆文库构建分析活性污泥微生物多样性的方法。

二、实验原理

环境样品中（活性污泥中）基因组总DNA是各种微生物基因组的混合物，虽然它反映了环境当中微生物组成的信息，但是由于基因组DNA过于复杂，不方便直接进行研究。因此，实际上我们通常是通过研究微生物基因组中的“biomarker”来探究环境中微生物的多样性。16S rDNA是微生物生态学研究中被广泛使用和认可的“biomarker”，主要原因是：(1)核糖RNA是蛋白质合成必需的，广泛存在于原核生物中，结构和功能相对保守；(2)16S rDNA的序列中包括可变区和高变区，因此既可利用保守区域来设计引物，也可利用高变区来进行序列间的比对；(3)序列变化缓慢，且在原核生物中不发生水平转移。因此，16S rDNA之间序列的差异可以反映不同生物之间的进化关系，在GeneBank（http://www.ncbi.nlm.nih.gov/）数据库中已记录了大量不同生物的16S rDNA序列信息。因此，获得16S rDNA的序列信息以后，就可以在数据库中进行序列比对来确定相

如今环境样品微生物多样性的研究多通过16S rDNA高通量测序分析的方法进行，同学们可自行查阅资料学习。

应微生物的系统发育地位。克隆文库构建的方法，即采用PCR技术把环境样品（活性污泥样品）中所有的16S rDNA收集到一起，之后将每一个16S rDNA分子放到文库中的单个克隆里，再通过测序比对，获取单个克隆中带有16S rDNA分子的微生物学的系统发育学地位，整个文库测序比对得到的结果即可反映环境样品（活性污泥样品）中的微生物多样性信息。

构建16S rDNA克隆文库的一般步骤是：(1)环境样品（活性污泥样品）中微生物（细菌）总DNA的提取；(2)环境样品（活性污泥样品）基因组总DNA进行16S rDNA PCR扩增得到样品中不同微生物的16S rDNA的混合物；(3)将纯化后的PCR产物与载体连接；(4)转化大肠杆菌，鉴定阳性克隆，通过阳性克隆的限制性片段长度多态性分析，获得16S rDNA克隆文库。

三、实验用品

1. 材料

活性污泥样品。

2. 试剂

(1)DNA提取相关试剂。

提取缓冲液[20 mL 1mol/L磷酸盐缓冲液、40 mL 0.5mol/L EDTA（pH 8.0）、20 mL 1mol/L Tris-HCl（pH 7.0）、100 mL 3mol/L NaCl、20 mL 10% CTAB（十六烷基甲基溴）]，20% SDS（十二烷基磺酸钠），氯仿:异戊醇（24:1），异丙醇，TE缓冲液，液氮。

(2)PCR相关试剂。

细菌16S rRNA基因的通用引物27F和1492R、10×PCR缓冲液、dNTP mix（2 mmol/L）、25 mmol/L $MgCl_2$、Taq酶、10 mg/L BSA（牛血清蛋白）、ddH_2O。

(3)DNA纯化试剂盒（上海生工）。

(4)T载体连接试剂盒和感受态细胞试剂盒（上海生工）。

3. 其他用品

高速冷冻离心机，PCR仪，恒温水浴锅，旋涡振荡仪，天平，研钵，移液枪和无菌枪尖，电泳仪，凝胶成像分析系统，无菌离心管（1.5 mL、2 mL和50 mL），0.2 mL无菌PCR管等。

四、实验步骤

1. 环境样品(活性污泥样品)中微生物DNA的提取

(1)称取2 g活性污泥样品于研钵中,加液氮充分研磨,重复3~4次,将样品转移至50 mL离心管中。

(2)向上述离心管中加9 mL提取缓冲液,轻轻混匀,60 ℃水浴维持3 min。

(3)加入1 mL 20% SDS,轻轻混匀。

(4)60 ℃水浴维持15 min(每隔5 min混匀一次)。

(5)4 000 r/min离心10 min。

(6)将上清液转移至新的50 mL离心管中,4 000 r/min离心10 min。对沉淀重复步骤(3)~(6),合并上清液。

(7)将CTAB层(表面的一层絮状浮层)下的液体转移至新的50 mL离心管中(不要吸到CTAB),加入等体积的氯仿:异戊醇(24:1),4 400 r/min离心10 min。

(8)收集上清液,加0.6倍体积的异丙醇,轻轻混匀,室温放置30 min,使形成沉淀。

(9)10 000 r/min离心20 min。

(10)弃去上清,60 ℃维持30 min干燥(每过10 min轻弹管壁,促进液体挥发)。

(11)加120 μL 60 ℃预热的TE溶液(充分溶解)。

(12)将上述提取的DNA溶液移至1.5 mL离心管中,冷冻保存。

本实验中的DNA提取方法同时能提取环境样品(活性污泥样品)中的细菌、古菌和真菌DNA,因此,只要改进PCR引物和PCR退火温度,就可应用于样品中的古菌和真菌群落分析。

2. 环境样品(活性污泥样品)DNA的PCR扩增

(1)PCR相关试剂从冰箱中取出后,立即置于冰上、溶解,然后按表29-1依次加入各种试剂,总反应体系为25 μL。

提取DNA时应佩戴口罩和乳胶手套,防止氯仿等有毒气体的吸入,提取DNA过程中产生的废液应倒入废液桶集中回收。

环境样品(活性污泥样品)总DNA的提取可采用试剂盒进行提取。

表29-1 PCR反应体系加样表

试剂	体积/μL
10×PCR缓冲液	2.5
dNTP mix(2 mmol/L)	2
27F(5 μmol/L)	1
1492R(5 μmol/L)	1
$MgCl_2$(25 mmol/L)	1
10 mg/L BSA	1
DNA模板(1~10 ng/μL)	1
*Taq*酶(2 U/μL)	0.3
ddH_2O	15.2

注:以ddH_2O代替DNA模板可作为空白对照。

(2)在PCR仪上设置反应程序。将上述混合液稍加混合、离心,放入PCR仪中进行PCR扩增,扩增程序为:94 ℃预变性2 min;94 ℃变性1 min,56 ℃退火1 min,72 ℃延伸1min 30 s,30个循环;72 ℃延伸1 min;最后PCR产物置于4 ℃条件下保存。

3. PCR产物的电泳检测

将5 μL PCR产物用0.1%琼脂糖凝胶电泳检测(120 V,20 min),再通过凝胶成像系统照相分析。

4. PCR目的片段的割胶回收

DNA割胶回收依据试剂盒说明书步骤依次进行。

5. T载体连接与转化

建立克隆文库时应注意PCR产物的量和载体的比例。

(1)连接反应。

将1 μL pMD18-T载体DNA(0.1 μg)和等摩尔量(可稍多)的纯化的PCR产物(2 μL)加入一新的经灭菌处理的200 μL PCR管中,然后在其中加入5 μL溶液Ⅰ(即试剂盒中的Solution Ⅰ),最后补水至总体积为10 μL,于16 ℃条件下保温30 min。

(2)连接物的转化。

①取1.5 mL离心管,5 μL连接产物,冰上备用。

②再加入50 μL高效感受态JM109细菌细胞,吸打、混匀,冰浴30 min。

③ 42 ℃热激90 s,迅速取出后冰浴2~3 min。

④每管加入400 μL LB培养基,轻轻混匀。

⑤ 37 ℃ 200 r/min振荡培养30 min，取100 μL转化菌液，涂布在含以下药品的LB培养基平板上[5-溴-4-氯-3-吲哚-β-D-半乳糖苷(X-gal)、异丙基硫代半乳糖苷(IPTG)和氨苄西林(Amp)，三种药物浓度均为20 mg/mL，添加量为100 μL/mL培养基，药品需待LB培养基冷却至55~60 ℃时加入]，之后放入37 ℃培养箱中，倒置培养过夜(12~16 h)。

⑥将上述平板置于4 ℃条件下数小时，使显色完全。

6. 重组子的筛选与鉴定

挑取50个阳性克隆子(白色菌落)到新的LB培养基上，放入37 ℃培养箱中，倒置培养过夜(12~16 h)。挑取少许白色菌液代替DNA模板，进行PCR扩增，PCR扩增时选用引物M13F(5'-CAGGAAACAGCTATGACC-3')和M13R(5'-TGTAAAACGACGGCCAGT-3')，PCR体系和程序参考步骤2，PCR产物电泳参考步骤3。

7. 阳性克隆子RFLP分析

选用大约25个阳性(白斑)克隆子用来分析限制性内切酶片段长度多态性，本实验所采用的限制性内切酶为HaeIII(TaKaRa，中国大连)，酶切体系为：M-buffer 2 μL，HaeⅢ 1 μL，PCR产物25 μL。试剂加入后，37℃条件下反应1 h，用1%琼脂糖凝胶电泳检测限制性内切酶片段长度的多态性，分别选取RFLP相同克隆子的2~3个克隆，送到测序公司测序。随后，选取测序质量好的序列，用DOTUR软件进行OTUs划分(相似度97%为一个OUT)，之后确定代表性序列的OTU。代表性序列在Gene Bank中比对后，选取相似的序列作为对比序列，用MEGA5软件构建克隆文库的系统发育树(本实验中构建的系统发育树均采用最大似然法，Maximum-likelihood Phylogenetic Tree)。具体方法请参考相关生物信息学教材。

8. 克隆文库的统计学分析

克隆文库的覆盖率(C，Coverage)用于检测所构建克隆文库是否可信，一般克隆文库的覆盖率要达到80%以上。克隆文库的覆盖率计算方法为：$C=1-(n_1/N)$，其中N代表文库中筛选出来的总阳性序列数目，n_1代表整个文库中只出现一次的序列数。

五、实验结果

1.绘制利用克隆文库构建和RFLP方法构建的活性污泥微生物多样性的系统发育树。

2.分析活性污泥中微生物的多样性，包括微生物的种类、丰度和功能。

六、思考题

1.环境样品DNA扩增加入BSA的目的是什么？

2.采用RFLP方法分析阳性克隆子的目的是什么？

实验三十

环境样品中微生物群落结构的分析

微生物资源具有最丰富的物种多样性。在我们周围的环境中存在着各种各样的微生物，其种类繁多，形态多样。在光学显微镜下常见的微生物主要有细菌、放线菌、酵母菌和霉菌四大类。土壤是微生物栖居的“大本营”，它含有的微生物种类和数量最多；有些微生物附着在尘埃上，飘浮于大气中或沉降在各种物体的表面；此外，人和动物体的口腔、呼吸道和消化道及动、植物体表面都存在着各种微生物。

环境中微生物的群落结构及多样性和微生物的功能及代谢机理是微生物生态学的研究热点。长期以来，由于受到技术限制，人们对微生物群落结构和多样性的认识还不全面，对微生物功能及代谢机理方面的内容了解也很少。但随着高通量测序、基因芯片等新技术的不断更新，微生物分子生态学的研究方法和研究途径也在不断变化。第二代高通量测序技术的成熟和普及，使我们能够对环境微生物进行深度测序，能灵敏地探测出环境微生物群落结构随外界环境的改变而发生的极其微弱的变化，这对于我们研究微生物与环境的关系、环境治理和微生物资源的利用以及人类医疗健康有着重要的理论和现实意义。

一、实验目的

1.掌握从环境样品中提取微生物DNA的方法。

2.利用分子生物学方法进行微生物群落结构的分析。

二、实验原理

微生物群落结构的分析是微生物生态学和环境微生物学领域的重要研究内容。由于大部分微生物不易用常规方法分离培养，故不依赖于培养的分子生物学方法已成为分析微生物群落结构的主要方法。微生物群落的常规分子生物学检测首先是从环境样品中提取DNA，并对rRNA基因进行PCR扩增。在此基础上通过克隆文库的构建、变性梯度凝胶电泳(DGGE)、末端限制性片段长度多态性(T-RFLP)或高通量测序等方法对PCR产物进行分析。在rRNA基因的PCR扩增中，为了覆盖大部分细菌或古菌，通常采用16S rRNA基因序列的保守区设计“通用”引物。目前，基于16S rRNA基因序列的系统发育分析已成为人们研究环境样品中原核生物群落结构组成及变化的主要方法。

真菌ITS序列是内源转录间隔区（Internally Transcribed Spacer），位于真菌18S、5.8S和28S rRNA基因之间，分别为ITS1和ITS2。绝大多数真核生物的ITS区段既具保守性又在科、属、种水平上均有特异性序列的特性，能够反映出种属间，甚至菌株间的差异。因此，ITS序列已被广泛用于真菌不同种属的系统发育分析。

三、实验用品

1.材料：养殖池塘底泥。

2.其他用品：DNA提取试剂盒、振荡器、离心机、天平、1.5 mL无菌离心管、微量移液器以及配套吸头、称量纸、冰盒、PE手套、PCR仪（ABI GeneAmp® 9700型）等。

四、实验步骤

1.微生物总DNA提取及宏基因组测序

微生物总DNA的提取按照PowerSoil DNA Isolation Kit（MoBio公司，美国）试剂盒的操作说明，具体步骤如下。

在提取环境样品中的DNA时，若提取液颜色较深，则可能是腐殖酸含量较多，因而需要用DNA纯化试剂盒进行纯化。

（1）称取0.4 g样品于2 mL PowerBead管子中，温和地振荡试管以混匀样品。

（2）加入70 μL C1溶液，混匀，用Vortex Adapter振荡器高速振荡10 min，室温条件下于10 000×g离心30 s，取上清。

（3）向上清中加入250 μL C2溶液，混匀，冰浴5 min，室温条件下于10 000×g离心1 min，取上清。

（4）向上清中加入200 μL C3溶液，混匀，冰浴5 min，室温条件下于10 000×g离心1 min，取上清。

将上一步上清液转移到2 mL离心管中，加入1 200 μL C4溶液，颠倒混匀。

（5）从上一步得到的溶液中取出675 μL加入过滤柱中，在室温条件下于10 000×g离心1 min，并弃去滤液。

（6）重复步骤（5），直到所有溶液过滤完成。

（7）向过滤柱中加入500 μL C5溶液，室温条件下于10 000×g离心1 min，弃去滤液。

(8)将空过滤柱在室温条件下于12 000×g离心2 min,以甩干过滤柱。

(9)将过滤柱转移到新的2 mL离心管中,向过滤柱中加入80 μL C6溶液,室温下放置2 min,室温条件下于10 000×g离心1 min,DNA溶液在滤液中。

(10)将提取好的DNA置于-80 ℃条件下保存备用。

2. 细菌16S rRNA基因V6片段扩增

(1)16S rRNA序列扩增引物。

V6-967F:5′-CAACGCGAAGAACCTTACC-3′;V6-1046R:5′-CGACAGCCATGCANCACCT-3′。

(2)PCR反应体系。

PCR相关试剂从冰箱中取出后,立即置于冰上、溶解,然后参照表30-1依此加入各种试剂,总反应体系为25 μL。

表30-1 PCR反应体系加样表

试剂	体积/μL
ddH_2O	18.1
10×PCR buffer	2.5
dNTP Mix	2
上游引物	0.5
下游引物	0.5
LA *Taq*酶	0.4
DNA模板(10 ng/μL)	1

(3)PCR扩增程序。

95 ℃预变性5 min;95 ℃变性30 s,58 ℃退火30 s,72 ℃延伸20 s,29个循环;72 ℃延伸5 min;最后将PCR产物置于4 ℃条件下保存。

3. 细菌16S rRNA基因V6片段扩增产物测序分析

PCR产物利用Illumina公司的Hiseq 200测序仪进行测序。下机得到的原始数据去除测序过程中产生的接头污染序列,同时去除一些低复杂度序列(如poly A)和含有N的序列,过滤掉低质量的数据,得到每个样品的Clean Data,运用overlap拼接软件对各个样品的reads数据进行拼接,得到拼接的结对每个样品overlap后,将得到的序列进行去引物处理,最后得到用于后续分析的tags。

将经过上述过程得到的序列使用Mothur(V.1.11.0)(Schloss et al., 2009)分析平台进行以下生物信息学分析。(1)分类操作单元(Operational taxonomic units,OTUs)生成:采用uclust模型按照97%的序列相似性水平进行聚类划分OUT;(2)物种注释:首先统计该OTU中所有tags

的物种注释信息,如果66 %的tags都支持同一个物种分类单元,那么该物种分类就作为该OTU的物种分类信息;(3)α-多样性分析:基于OTU的结果,计算样品的α多样性。同时使用稀疏曲线(Rarefaction Curve)评估每个样品测序量是否能够代表原始群落的多样性。

4. 古菌16S rRNA基因片段扩增及测序分析

(1)扩增引物与反应体系。

古菌16S rRNA基因片段扩增引物:Ar915aF(5′-AGGAATTGGCGGGGGAGCAC-3′)和Ar1386R(5′-GCGGTGTGTGCAAGGAG-3′)。PCR正式试验参照试剂盒TransGen AP221-02说明书,如表30-2依此加入各种试剂,反应体系为20 μL。

表30-2 PCR反应体系加样表

试剂	体积/μL
5×FastPfu Buffer	4
2.5 mM dNTPs	2
dNTP Mix	2
前端引物(5 μM)	0.8
后端引物(5 μM)	0.8
TransStart Fastpfu DNA Polymerase	0.4
DNA模板(10 ng/μL)	1
ddH_2O	9

(2)PCR扩增程序。

95 ℃预变性3 min;95 ℃变性30 s,55 ℃退火30 s,72 ℃延伸1 min,27个循环;72 ℃延伸10 min;最后将PCR产物置于4 ℃条件下保存。

(3)测序与分析。

PCR产物利用Illumina公司的Miseq测序平台进行测序,下载数据通过QIIME(v 1.17)分析平台按照步骤3的方法进行生物信息分析。

5. 真菌ITS序列扩增与测序分析

(1)扩增引物与反应体系。

真菌ITS序列扩增引物:ITS1(5′-CTTGGTCATTTAGAGGAAGTAA-3′)和ITS2(5′-GCTGCGTTCTTCATCGATGC-3′)。PCR正式试验参照试剂盒TransGen AP221-02说明书,如表30-3依此加入各种试剂,反应体系为20 μL。

表30-3 PCR反应体系加样表

试剂	体积/μL
5×FastPfu Buffer	4
2.5 mM dNTPs	2
dNTP Mix	2
前端引物ITS1(5 μM)	0.8
后端引物ITS2(5 μM)	0.8
TransStart Fastpfu DNA Polymerase	0.4
DNA模板(10 ng/μL)	1
ddH_2O	9

(2)PCR扩增程序。

94 ℃预变性3 min;94 ℃变性30 s,55 ℃退火30 s,72 ℃延伸1 min,27个循环;72 ℃延伸10 min;最后将PCR产物置于4 ℃条件下保存。

(3)测序与分析。

PCR产物利用Illumina公司的Miseq测序平台进行测序,下载数据通过QIIME(v 1.17)分析平台按照步骤3的方法进行生物信息分析。

五、实验结果

1.根据16S rRNA基因序列和真菌ITS序列扩增结果,分别构建系统发育树。

2.分析养殖池塘底泥中微生物的群落结构和组成。

六、思考题

1.纯培养细菌DNA和环境样品DNA的PCR扩增方法有何差异?为什么?

2.在进行PCR扩增时,有时用提取的DNA原样作模板无法扩增,但把提取的DNA原样稀释后作模板就能扩增,为什么?

附录

附录一

常用培养基的配制

1. 牛肉膏蛋白胨琼脂培养基(培养一般细菌用)

牛肉膏3 g,蛋白胨10 g,NaCl 5 g,琼脂15~20 g,水1 000 mL, pH 7.0~7.2,121 ℃灭菌15 min。

2. 牛肉膏蛋白胨半固体培养基(用于观察细菌动力、测定噬菌体效价)

牛肉膏3 g,蛋白胨10 g,NaCl 5 g,琼脂4~6 g,水1 000 mL, pH 7.0~7.2,121 ℃灭菌15 min。

3. 牛肉膏蛋白胨液体培养基(营养肉汤Nutrient Broth,培养一般细菌用)

牛肉膏3 g,蛋白胨10 g,NaCl 5 g,水1 000 mL, pH 7.0~7.2,121 ℃灭菌15 min。

4. LB液体培养基(培养大肠埃希氏菌等用)

胰蛋白胨10 g,酵母粉10 g,NaCl 5 g,水1 000 mL, pH 7.2,121 ℃灭菌15 min。

5. 高氏1号培养基(培养各种放线菌用)

可溶性淀粉20 g,KNO_3 1 g,NaCl 0.5 g,$K_2HPO_4 \cdot 3H_2O$ 0.5 g,$MgSO_4 \cdot 7H_2O$ 0.5 g,$FeSO_4 \cdot 7H_2O$ 0.01 g,琼脂20 g,水1 000 mL。

制法:配制时,先用少量冷水,将淀粉调成糊状,倒入煮沸的水中,继续加热,边搅拌边加入其他成分,熔化后补足水分至1 000 mL, pH 7.2~7.4,121 ℃灭菌15 min。

6. 马铃薯琼脂培养基(PDA培养基,培养真菌用)

去皮马铃薯200 g,葡萄糖(或蔗糖)20 g,琼脂15~20 g,水1 000 mL,pH自然。

制法:马铃薯去皮,切成薄片,在1 000 mL沸水中煮30 min,再用4层纱布过滤,收集的滤液中加20 g葡萄糖或蔗糖以及15~20 g琼脂,补加水至1 000 mL,115 ℃灭菌20 min。

7. 查氏琼脂培养基(ATCC312,培养霉菌用)

蔗糖30 g,$NaNO_3$ 2 g,$K_2HPO_4 \cdot 3H_2O$ 1 g,KCl 0.5 g, $MgSO_4 \cdot 7H_2O$ 0.5 g,$FeSO_4 \cdot 7H_2O$ 0.01 g,琼脂15~20 g,水1 000 mL,pH自然,121 ℃灭菌15 min。

8. 孟加拉红琼脂培养基(或马丁氏琼脂培养基,分离真菌、真菌计数用)

葡萄糖10 g,蛋白胨5 g,KH_2PO_4 1 g, $MgSO_4 \cdot 7H_2O$ 0.5 g,孟加拉红50 mg,琼脂15~20 g,蒸馏水1 000 mL, pH 5.5~5.7,115 ℃灭菌20 min。倒平板前待培养基冷却至60 ℃后再加入0.1%体积50 mg/mL链霉素贮备液。

9. 沙保氏培养基(SDA,用于普通真菌的培养)

葡萄糖40 g,蛋白胨10 g,琼脂15~20 g,蒸馏水1 000 mL, pH 7.2,115 ℃灭菌20 min。

10. 乳糖胆盐蛋白胨培养基(大肠菌群测定)

蛋白胨20 g,猪胆盐(或牛、羊胆盐)5 g,乳糖10 g,0.04%溴甲酚紫水溶液25 mL,水1 000 mL,pH 7.4,121 ℃灭菌15 min。

制法:先将20 g蛋白胨、5 g胆盐、10 g乳糖溶于水中,调pH至7.4,加入25 mL 0.04%溴甲酚紫水溶液指示剂,分装,每瓶50 mL或每管5 mL,并倒置放入一个杜氏小管,121 ℃灭菌15 min。

双倍或三倍乳糖胆盐蛋白胨培养基:除水以外,其余成分加倍或取三倍用量。

11. 乳糖蛋白胨培养基(大肠菌群测定)

蛋白胨10 g,牛肉膏3 g,乳糖5 g,NaCl 5 g,1.6%溴甲酚紫乙醇溶液1 mL,蒸馏水1 000 mL,pH 7.2,115 ℃灭菌20 min。

12. 伊红美蓝(亚甲蓝)培养基(EMB培养基,鉴别大肠菌群用)

蛋白胨10 g,乳糖10 g(或乳糖和蔗糖各5 g),K_2HPO_4 2 g,伊红Y 0.4 g,美蓝0.065 g,琼脂15~20 g,蒸馏水1 000 mL, pH 7.2,121 ℃灭菌15 min。

13. 蛋白胨水培养基(用于吲哚试验)

蛋白胨10 g,NaCl 5 g,蒸馏水1 000 mL, pH 7.2~7.4,121 ℃灭菌15 min。

14. 糖发酵培养基(用于细菌糖发酵试验)

蛋白胨0.2 g,NaCl 5 g,K_2HPO_4 0.02 g,1%溴麝香草酚蓝水溶液0.3 mL,糖类1 g,蒸馏水100 mL, pH 7.4,115 ℃灭菌20 min。

制法：分别称取0.2 g蛋白胨和5 g NaCl溶于热水中，调pH至7.4，再加入0.3 mL溴麝香草酚蓝（先用少量95%乙醇溶解后，再加水配成1%水溶液），加入1 g糖类，分装试管，装量4~5 mL，并倒放入一杜氏小管（管口向下，管内充满培养液），115 ℃灭菌20 min。常用的糖类有葡萄糖、蔗糖、甘露糖、麦芽糖、乳糖、半乳糖等（后两种糖的用量常加大为1.5%）。

15. 淀粉培养基（用于淀粉水解检验）

蛋白胨10 g，牛肉膏5 g，NaCl 5 g，可溶性淀粉2 g，琼脂15~20 g，蒸馏水1 000 mL，pH 7.2~7.4，121 ℃灭菌15 min。

16. 高氏1号培养基（分离海洋放线菌的培养基）

可溶性淀粉20 g，$MgSO_4 \cdot 7H_2O$ 0.5 g，$FeSO_4 \cdot 7H_2O$ 0.01 g，KNO_3 1 g，K_2HPO_4 0.5 g，NaCl 0.5 g，重铬酸钾0.025 g，琼脂20 g，陈海水1 000 mL，pH7.4~7.6，121 ℃灭菌15 min。

17. 光合细菌富集及扩大培养基

$CH_3COONa \cdot 3H_2O$ 3 g，NaCl 1 g，NH_4Cl 0.5 g，$MgSO_4$ 0.2 g，$KH_2PO_4$0.5 g，$FeSO_4$ 0.01 g，$CaCl_2$ 0.002 8 g，Na_2CO_3 0.015 7 g，蒸馏水1 000 mL，pH自然，121 ℃灭菌15 min。

18. 光合细菌分离培养基

$CH_3COONa \cdot 3H_2O$ 2 g，CH_3CH_2COONa 2 g，NaCl 1 g，NH_4Cl 0.5 g，$MgSO_4$ 0.5 g，KH_2PO_4 0.2 g，$FeSO_4$ 10 mg，酵母膏1 g，$CaCl_2$ 0.002 7 g，Na_2CO_3 0.015 75 g，琼脂15~20 g，蒸馏水1 000 mL，pH自然，121 ℃灭菌15 min。

19. 柠檬酸盐培养基（用于柠檬酸盐利用试验）

柠檬酸钠2 g，NaCl 5 g，$MgSO_4 \cdot 7H_2O$ 0.2 g，$K_2HPO_4 \cdot 3H_2O$ 1 g，$(NH_4)_2HPO_4$ 1 g，1%溴麝香草酚蓝水溶液10 mL，琼脂15~20 g，蒸馏水1 000 mL，pH 6.8~7.0，121 ℃灭菌15 min。

制法：将上述成分（指示剂除外）加热溶解后，调pH至6.8~7.0，然后加入指示剂，摇匀，使其呈淡绿色，再分装到试管中，经121 ℃灭菌15 min，制成斜面备用。

20. 柠檬酸铁铵培养基（用于细菌产H_2S试验）

柠檬酸铁铵（棕色）0.5 g，硫代硫酸钠0.5 g，牛肉膏蛋白胨固体培养基，蒸馏水1 000 mL，pH 7.4，121 ℃灭菌15 min，搁成直立柱备用。

21. 尿素琼脂斜面培养基（用于脲酶试验）

蛋白胨1 g，葡萄糖1 g，NaCl 5 g，K_2HPO_4 2 g，尿素液20 g，酚红0.012 g，琼脂15~20 g，蒸馏水1 000 mL，pH7.0，121 ℃灭菌15 min。

制法：将上述成分（琼脂除外）溶解在100 mL蒸馏水中，混合均匀，过滤灭菌。将琼脂加入900 mL蒸馏水，121 ℃灭菌15 min。冷却至55 ℃左右，加入过滤除菌的基本培养基，混匀后，无菌分装于灭菌的试管中，制成斜面备用。

22. 硝酸盐蛋白胨水(用于硝酸盐还原试验)

硝酸钾(不含NO_2^-)0.2 g,蛋白胨5 g,蒸馏水1 000 mL,各成分溶解后调pH至7.4,分装试管(每管约5 mL),121 ℃灭菌15 min。

23. 硫代硫酸柠檬酸胆盐蔗糖(TCBS)培养基(鉴别培养基,用于不同弧菌的分离鉴定)

蛋白胨10 g,酵母浸出粉5 g,氯化钠10 g,柠檬酸钠($C_6H_5O_7Na_3 \cdot 2H_2O$)10 g,硫代硫酸钠($Na_2S_2O_3$)10 g,牛胆汁粉8 g,蔗糖20 g,柠檬酸铁($C_6H_5O_7Fe \cdot 5H_2O$)1 g,溴麝香草酚蓝0.04 g,麝香草酚蓝0.04 g,琼脂13~15 g,蒸馏水1 000 mL,pH 8.6±0.2,121 ℃灭菌15 min。

附录二

常用染色液和试剂的配制

1. 吕氏美蓝染色液(Loeffler's Methylene Blue Stain)或碱性美蓝染色液(Basic Methylene Blue Stain)

A液:美蓝0.3 g,95%乙醇30 mL。B液:0.01% KOH 100 mL。

取美蓝(甲烯蓝、次甲基蓝或亚甲基蓝)0.3 g溶于30 mL 95%乙醇中,配制成饱和的美蓝酒精溶液(A液),然后加入0.01% KOH溶液(B液)100 mL,混合后即成0.3%碱性美蓝染色液。

2. 石炭酸复红染色液

A液:碱性复红0.3 g,95%乙醇10 mL。B液:石炭酸(结晶酚)5.0 g,蒸馏水95 mL。

将0.3 g碱性复红在研钵中研磨后,逐渐加入10 mL 95%乙醇,继续研磨使之溶解,配成A液。将5.0 g石炭酸溶解在95 mL蒸馏水中,配成B液。混合A、B液即成。

3. 草酸铵结晶紫溶液(结晶紫染色液)

A液:结晶紫2.0 g,95%乙醇20 mL。B液:草酸铵0.8 g,蒸馏水80 mL。

将结晶紫2.0 g在研钵中研磨后,加入20 mL 95%乙醇,继续研磨使之溶解,配成A液。将0.8 g草酸铵溶解在80 mL蒸馏水中,配成B液。混合A、B液即成。

4. 路戈尔氏(Lugol's)碘液

碘1.0 g,碘化钾2.0 g,蒸馏水300 mL。

先将2.0 g碘化钾溶于少量(约5 mL)蒸馏水中,再加入1.0 g碘,搅拌溶解,补加蒸馏水至300 mL,混匀,保存于棕色瓶中。此液可在瓶内保存半年以上,当产生沉淀或褪色则不能再用。

5. 孔雀绿染色液

孔雀绿5 g,蒸馏水100 mL。

6. 沙黄染色液

番红(沙黄)3.41 g,95%乙醇100 mL。

将3.41 g番红溶于100 mL 95%乙醇中,即成乙醇饱和贮存溶液。使用时,将该饱和液用蒸馏水稀释10倍,即成工作液。此溶液保存期以不超过4个月为宜。

7. 硝酸银染色液(鞭毛染色液)

A液:单宁酸5.0 g,$FeCl_3$ 1.5 g,1% NaOH 1 mL,15%甲醛溶液2 mL,蒸馏水100 mL。

先将5.0 g单宁酸,1.5 g $FeCl_3$溶于100 mL蒸馏水中,然后加入1 mL 1% NaOH,2 mL 15%甲醛溶液,混合即成A液。

B液:$AgNO_3$ 2.0 g,蒸馏水100 mL。

待硝酸银溶解后,取出10 mL做回滴用。向90 mL硝酸银溶液中滴加浓氨水(NH_4OH),当出现大量沉淀时,再继续加氨水,直至沉淀刚刚消失变澄清为止。再将备用的硝酸银溶液逐滴加入,至出现轻微和稳定的薄雾为止。在整个滴加过程中要边滴边充分摇荡。当雾重银盐沉淀,不宜使用。

8. 姬姆萨(Giemsa)染色液

姬姆萨染料0.5 g,甘油33 mL,无水甲醇33 mL。

先称取0.5 g姬姆萨染料(由伊红与天青Ⅱ组成的中性染料)粉末,研细,再逐滴加入33 mL甘油,继续研磨,最后加入33 mL甲醇,混匀后置于55~60 ℃水浴中,孵育1~24 h,过滤后即成姬姆萨原液。临染色前,取1 mL原液加19 mL pH7.4的磷酸盐缓冲液(或者中性或微碱性蒸馏水),即成姬姆萨染色工作液。

9. 甲基红试剂

甲基红0.1 g,95%乙醇300 mL,蒸馏水300 mL。

10. V. P试剂(乙酰甲基甲醇试剂)

A液:5% α-萘酚无水乙醇溶液(α-萘酚5 g,无水乙醇100 mL)

B液:40% KOH溶液(KOH 40 g,蒸馏水100 mL)

11. 靛基质(吲哚)试剂

对二甲基氨基苯甲醛2 g,95%乙醇190 mL,浓盐酸40 mL。

12. 测硝酸盐还原试剂

甲液:对氨基苯磺酸0.8 g,5 mol/L醋酸溶液100 mL。

乙液:α-萘胺0.5 g,5 mol/L醋酸溶液100 mL。

附录三

常用消毒剂

1. 含氯消毒剂

常见的能溶于水的，能够以次氯酸分子透过微生物细胞膜通过蛋白氧化杀菌的水体消毒剂，其杀灭微生物的有效成分常以有效氯表示。可分为无机氯化合物和有机氯化合物两种类型，前者包括次氯酸钠、次氯酸钙、氯化磷酸三钠、84消毒液等，化学性质不稳定，易受光照、温度和湿度的影响进而丧失活性；而后者包括二氯异氰尿酸钠、三氯异氰尿酸、四氯甘脲氯脲、氯铵T等，固态下化学性质相对稳定，但溶解于水后性质发生改变。

2. 过氧化物类消毒剂

指能通过活性氧的解离释放具有杀菌能力的活性氧的消毒剂。包括过氧乙酸、过氧化氢、过氧戊二酸、臭氧、二氧化氯、Virkon过硫酸复合盐。

3. 含碘类消毒剂

指含有以碘为主且具有杀菌能力的各种化学试剂。包括碘水溶液、碘酊、碘甘油、碘酸溶液等。

4. 烷基类消毒剂

指穿透力较强，能够通过干扰酶对微生物蛋白质分子的烷基化作用而起到杀菌作用的化学杀菌剂。包括福尔马林（30%~40%的甲醛溶液）、戊二醛、环氧乙烷、新洁尔灭（十二烷基二甲基苄基溴化铵）等。其中环氧乙烷也可作为气体消毒剂。

5. 酸类消毒剂

能够通过氧化作用使得微生物的酶活性降低，进而达到杀菌效果的化学消毒剂。包括5%盐酸、15%食盐+2.5%的醋酸、乳酸、过氧乙酸等。

6. 酚类消毒剂

指大多数无色结晶、具有特殊气味，易使纺织品变色但杀菌能力有限的化学消毒剂。主要有酚、来苏（煤酚皂液）、六氯酚。

7. 醇类消毒剂

指大多数以乙醇为主的能够杀灭细菌繁殖体、结核杆菌级大多数真菌和病毒的中效表面消毒剂。包括乙醇等。

8. 碱盐类消毒剂

指主要为碱性的化学药物，能够杀灭细菌繁殖体，使微生物蛋白质变性、沉淀或溶解，但对芽孢、病毒等微生物杀菌效果较差的一类杀菌化学品。包括氯氧化钠、石灰等。

9. 臭氧

指依靠强大的氧化作用使微生物的生物酶失去活性进而达到杀死微生物效果的消毒剂。常温下为易爆气体，水溶解度较低（3%），常温下可分解为氧气。

附录四

部分国内外微生物学网站信息

1. 限制性酶切位点分析网站：NEBcutter（http://nc2.neb.com/NEBcutter2/）

2. 蛋白翻译预测网站：Translate（http://web.expasy.org/translate/）

3. 基因工程分析及预测网站：Primer（http://bioinfo.ut.ee/primer3/）

4. 美国国立生物技术信息中心网站：NCBI（http://www.ncbi.nlm.nih.gov/）

5. 序列分析在线数据库：Blast（https://blast.ncbi.nlm.nih.gov/Blast.cgi）

6. 物种分类数据库：http://www.ncbi.nlm.nih.gov/guide/taxonomy/

7. 国际生物科学联合会网站：IUBS（http://iubs.org/）

8. 美国微生物学会网站：ASM（http://asm.org/）

9. 中国微生物学会网站：CSM（http://csm.im.ac.cn/）

10. 海洋微生物菌种保藏管理中心：MCCC(https://mccc.org.cn/)

11. 中国普通微生物菌种保藏管理中心：CGMCC（http://www.cgmcc.net/）

12. 中国典型培养物保藏中心：CCTCC（http://www.cctcc.org）

13. 巴斯德研究所网站：Institut Pasteur（http://www.pasteur.fr/）

14. 美国模式培养物集存库：ATCC（http://www.atcc.org）

15. 英国国家工业和海洋细菌保藏中心：NCIMB（http://www.ncimb.co.uk）

16. WFCC—世界微生物数据中心：WDCM（http://wdcm.nig.ac.jp）

17. 世界培养物保藏联合会：WFCC（http://www.wfcc.info）

18. 国际系统与进化微生物学杂志：*International Journal of Systematic and Evolutionary Microbiology*，IJSEM（https://www.microbiologyresearch.org/content/journal/ijsem）

19. MYCOBANK数据库：https://www.mycobank.org/

参考文献

[1] 肖克宇，陈昌福．水产微生物学[M].北京：中国农业出版社，2019.

[2] 胡桂学，陈金顶，彭远义．兽医微生物学实验教程[M].北京：中国农业大学出版社，2014.

[3] 黄瑞，林旭吟．水产微生物学[M].北京：化学工业出版社，2016.

[4] 刘国生．微生物学实验技术[M].北京：科学出版社，2007.

[5]车振明．微生物学实验[M].北京：科学出版社，2011.

[6] 张迎梅，包新庚，高岚．动物生物学实验指导[M].兰州：兰州大学出版社，2004.

[7] 边才苗．环境工程微生物学实验[M].杭州：浙江大学出版社，2019.

[8] 蔡信之，黄君红．微生物学实验[M].北京：科学出版社，2019.

[9] 张兰河，贾艳萍，王旭明，等．微生物学实验[M].北京：化学工业出版社，2013.

[10] 沙莎，宋振辉．动物微生物实验教程[M].重庆：西南师范大学出版社，2011.

[11] 赵海泉．微生物学实验指导[M].北京：中国农业大学出版社，2014.

[12] 孙燕．微生物学实验指导[M].南京：南京大学出版社，2015.

[13] 尹军霞．微生物学实验指导[M].南京：南京大学出版社，2015.

[14] 高志芹，潘智芳．细胞生物学实验[M].北京：科学出版社，2015.

[15] 白占涛．细胞生物学实验[M].北京：科学出版社，2015.

[16] 刘艳平．细胞生物学实验指导[M].北京：人民卫生出版社，2015.

[17] 沈萍，陈向东．微生物学实验(第四版)[M].北京：高等教育出版社，2007.

[18] 周德庆．微生物学实验教程(第二版)[M].北京：高等教育出版社，2006.

[19] 黄秀梨.微生物学实验指导[M].北京:高等教育出版社,2002.

[20] 徐德强,王英明,周德庆.微生物学实验教程[M].北京:高等教育出版社,2019.

[21] 李太元,许广波.微生物学实验指导[M].北京:中国农业出版社,2016.

[22] (美)哈雷.图解微生物实验指南[M].谢建平,等,译.北京:科学出版社,2012.

[23]柳志强.分子微生物学实验指导[M].北京:中国轻工业出版社,2017.

[24] 赵斌,林会,何绍江.微生物学实验[M].北京:科学出版社,2014.

[25] 肖亦农,刘灵芝,王新.环境微生物学实验基础[M].北京:中国建材工业出版社,2018.

[26] 王国惠.环境工程微生物学实验[M].北京:化学工业出版社,2011.

[27] 陈绍铭,郑福寿.水生微生物实验法[M].北京:海洋出版社,1985.

[28]程水明,刘仁荣.微生物学实验[M].武汉:华中科技大学出版社,2015.

[29]沈萍,范秀容,李广武.微生物学实验(第三版)[M].北京:高等教育出版社,1996.

[30]陈声明,刘丽丽.微生物学研究法[M].北京:中国农业科技出版社,1996.

[31] 李翠萍,吴民耀,王宏元.3种半数致死浓度计算方法之比较[J].动物医学进展,2012,33(9):89-92.

[32] 王凤青,孙玉增,任利华,等.海水养殖中水产动物主要致病弧菌研究进展[J].中国渔业质量与标准,2018,8(2):49-56.

[33] 姜怡,唐蜀昆,王永霞,等.海洋放线菌分离方法[J].微生物学报,2006,(06):153-155.

[34] 常显波,刘文正,尹琦,等.海洋放线菌不同分离方法的比较研究[J].海洋科学,2012,36(08):35-39.

[35] 常显波.不同环境海洋放线菌多样性研究及2株放线菌新菌的分类鉴定[D].青岛:中国海洋大学,2011.

[36] 周宸.斑节对虾杆状病毒病的组织病理观察[J].中国动物检疫,1996,13(2):8-9.

[37]吴秋芳,付亮,路志芳.土壤微生物分离纯化和分子鉴定实验研究[J].安阳工学院学报,2016,15(04):27-29.

[38]向万胜,吴金水,肖和艾,等.土壤微生物的分离、提取与纯化研究进展[J].应用生态学报,2003(03):453-456.

[39]周德庆,徐德强.微生物学实验教程(第三版)[M].北京:高等教育出版社,2013.

[40]卢龙斗,常重杰.遗传学实验(第二版)[M].北京:科学出版社,2014.

[41]陈声明,刘丽丽.微生物学研究法[M].北京:中国农业科技出版社,1996.

[42]陈绍铭,郑福寿.水生微生物实验法[M].北京:海洋出版社,1985.

[43] 徐德强,肖义平,王英明,等.测菌管在微生物学野外实习中的应用[J].实验技术与管理,2010,27(10):46-48.